Solar energy and air source heat pump applications in the energy-saving buildings

太阳能与空气源热泵在建筑节能中的应用

李元哲　姜蓬勃　许　杰　著
方肇洪　主审

化学工业出版社
·北京·

本书分为三章。第一章讲述了建筑围护结构的传热理论及人体在室内与周围物体热湿交换的物理数学描述等相关内容的基础知识，又针对本书的中心内容——空气源热泵供暖、空调讲述了相关的传热与热力学基础理论知识。第二章讲述了蒸汽压缩式热泵的原理、组件、制冷剂和替代物和热力循环在温熵图与压焓图上的表达方法，以及中小型压缩机的种类、特性及适应低温气候的热泵的研究进展，进一步讲述了如何选择、设计空气源热泵机组的主要参数，即蒸发温度（压力）、冷凝温度（压力）、过冷度、过热度、压缩机出口参数及与之相关的压缩机的效率、功率、能效比等确定方法。第三章重点讲述了建筑中的辐射供冷暖的结构、原理及特性，给出了空气源热泵辐射地板供暖的系统图示、设计参数，特别针对北方寒冷地区气象条件、建筑能耗及常用的水盘管式辐射供暖地板结构给出单位供热量与供、回水温度的相关关系；第三章中还举出多项工程示范实例验证理论的正确性。

本书可供暖通空调、能源利用、环境保护等领域的专业工作者、管理工作者参考，也可供高等学校、设计单位人员阅读。

图书在版编目（CIP）数据

太阳能与空气源热泵在建筑节能中的应用/李元哲，姜蓬勃，许杰著. —北京：化学工业出版社，2015.10（2019.3 重印）
ISBN 978-7-122-24863-3

Ⅰ.①太… Ⅱ.①李…②姜…③许… Ⅲ.①太阳能-应用-建筑-节能-研究②热泵-应用-建筑-节能-研究
Ⅳ.①TU111.4

中国版本图书馆 CIP 数据核字（2015）第 184220 号

责任编辑：戴燕红　　文字编辑：李　玥
责任校对：王素芹　　装帧设计：韩　飞

出版发行：化学工业出版社（北京市东城区青年湖南街 13 号　邮政编码 100011）
印　　装：北京虎彩文化传播有限公司
710mm×1000mm　1/16　印张 11　字数 169 千字　2019 年 3 月北京第 1 版第 2 次印刷

购书咨询：010-64518888　　售后服务：010-64518899
网　　址：http://www.cip.com.cn
凡购买本书，如有缺损质量问题，本社销售中心负责调换。

定　　价：58.00 元

序 言

为了顺应节能减排的迫切需要，特别是面对我国北方严重的大气污染问题，北方寒冷地区急需开发新型清洁供热方式。在这种背景下，利用空气源热泵作为热源为寒冷地区供热的技术正在日益得到重视，并开始进入规模化应用的阶段。这种新型供热方式的应用需要从热泵到供热末端的系统性解决方案，也需要有理论基础、设计方法和优化运行控制等一系列的新技术和知识。由李元哲教授撰写的《太阳能与空气源热泵在建筑节能中的应用》结合作者多年在该领域中的教学、研究和工程应用探索，对这一问题的理论基础进行了比较全面的阐述，对该系统的设计方法做了较详细的介绍，对一些比较前沿的领域，如太阳能与空气源热泵结合的供热系统以及温湿度独立控制的空调系统等，也进行了有益的探索。该书的出版将为空气源热泵供热技术领域的工程技术人员提供及时和宝贵的技术支持，为该技术进一步的完善和发展提出方向。希望该书稿早日出版，以飨读者。

山东建筑大学　教授

方肇洪

2015 年 5 月

前　言

节能减排是当今人类社会为实现可持续发展而奋斗的两大课题，PM2.5等细颗粒物对人类的困扰，也加快了人们清洁空气的行动。从建筑节能到可再生能源的利用，已列入国家法规，其中太阳能和空气能由于其唾手可得，取之不尽，免费索取，更成为大众首选的清洁能源。

建筑中的采暖空调占据社会能耗的较大份额，节能意义重大，而冬暖夏凉又关系到千家万户奔小康的幸福憧憬。尤其是在寒冷气候区，以空气源热泵为热源取代燃烧化石燃料，更是多年来人们期盼的，也是在探索与争议中被认可的成熟技术。几乎与此同时，建筑中辐射供冷暖的兴起，使人们找到了节能舒适、卫生健康、冷暖合一的末端装置。它更适合与太阳能和空气源热泵这类低品位热源配套使用，所以，本书的中心内容是围绕着空气源热泵和或太阳能低温热水辐射供暖，及供冷除湿的温湿度独立空调技术。

本书分为三章，第一章讲述建筑节能的重要性，建筑围护结构的传热理论及人体在室内与周围物体热湿交换的物理数学描述。又针对本书的中心内容——空气源热泵供暖、空调讲述了相关的传热与热力学的基础理论知识。

第二章讲述蒸汽压缩式热泵的原理、组件、制冷剂及替代物和热力循环在温熵图与压焓图上的表达方法。讲述了中小型压缩机的种类、特性及适应低温气候的热泵的研究进展，进一步讲述了如何选择、设计空气源热泵机组的主要参数，即蒸发温度（压力）、冷凝温度（压力）、过冷度、过热度、压缩机出口参数及与之相关的压缩机的效率、功率、能效比等确定方法，并举例说明。

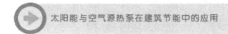

第三章重点讲述建筑中的辐射供冷暖的结构、原理及特性，

给出了空气源热泵辐射地板供暖的系统图示、设计参数，特别是针对北方寒冷地区气象条件、建筑能耗及常用的水盘管式辐射供暖地板结构给出单位供热量与供、回水温度的相关关系，使低温热水地板辐射供暖的推广有据可循。本部分提出一种冷、暖合一的顶板辐射管帘，对它进行了理论计算并示于图表中，可供参考；同时给出了与辐射供冷配套的“一种内源式固体吸附除湿”设备及实验研究结果。

在第三章中还举出多项工程示范实例验证理论的正确性，其中有主、被动太阳能与空气源热泵三项热源集成的辐射地板供暖工程，节电率高达80%。本部分示范工程的数据证实了在寒冷气候区空气源热泵地板辐射供暖的节能率高，舒适性与室温稳定性好。

本书第一、二章由李元哲执笔，第三章的示范工程实例由姜蓬勃、许杰负责完成了产品制造和工程施工，李元哲做了测试分析，并成文。

本书承方肇洪教授审定，使书的质量得到了保证，在此表示衷心感谢。

书中不妥之处，欢迎读者批评指正。

李元哲

2015年1月于北京清华园

目 录

第一章 基础知识

第一节 能 源 形 势

一、能源形势

人类社会的可持续发展面临着能源的挑战。我国是世界上能耗第二大国，且已有“富煤、贫油、少气”之称，所以，开发可再生能源与新能源、调整工业用能结构、提高能源利用率、节约用能等是我国长期的战略方针。在已制定的《中华人民共和国可再生能源法》及其修订版，以及《节能中长期专项规划》中已确立了上述方针的思想原则和行动目标，将太阳能热利用和热发电技术明确列入发展纲要，并提出到2020年实现非化石能源占一次能源消费比重达到15%。

二、建筑用能

随着我国国民经济的发展，人民生活水平的提高，人群活动空间的扩展，建筑业对能源需求数量越来越多，标准越来越高。例如，2001年，我国出台了《冬冷夏热地区采暖、空调设计标准》，对原本不采暖的长江流域地区也规定了采暖标准；此外，北方农村采暖、炊事也多由原来自产的生物质简易用能方式改为煤炭、电等，使商品能耗（年）达几亿吨标煤之多。

统计表明，我国的建筑用能已占社会总能耗的20%左右，其中，仅北方城镇集中供暖能耗就占去了四分之一以上，可见北方采暖节能的重要性。

为此，我国于1995年至2013年以来，已陆续颁布民用住宅节能设计标准，即在20世纪80年代建筑能耗的基础上逐步节约50%、65%、75%。

三、环境保护对能源利用提出的挑战

全球气候变化对现存能源利用提出了挑战。20世纪前，我国大部分地区采用的燃煤采暖，造成了严重的大气污染，在大城市好于二级以上的天气不足60%，引起我国政府高度重视。为应对气候变化与环境保护问题，在2009年的哥本哈根会议上我国的庄严承诺是，到2020年，单位GDP碳排放要在2005年的基础上减少40%～50%，并且在2010年停止一批破坏大气臭氧层的空调用制冷工质，如R12、R502和R114等。全面建成小康社会要求实现能源翻一番，保证GDP翻两番的目标，以及在治理空气中细微颗粒物方面，从工业、运输、建筑三个主要方面入手，加强治理力度，都涉及国民经济结构调整和能源结构调整的战略大局。

四、加快推动绿色建筑发展

2012年，为贯彻国务院关于“十二五”节能减排综合性工作方案，有关部、委下发了加快发展绿色建筑、促进城乡建设模式转型升级的具体部署，目标是到2020年，绿色建筑比重超过30%。

绿色建筑是指在建筑的全寿命期内达到节能、节地、节水、节材、保护环境和减少污染，为人们提供健康、适用和高效的、使人与自然和谐共生的建筑。目标涉及建筑的全过程，即从建造过程到使用过程都要达到能源、资源利用的最大化和环境影响的最低化，不仅包括建造用能、建筑围护结构耗能，而且包括能源系统与设备耗能、生活方式对耗能的影响、行为节能、运行能耗等诸方面。

目标的达到要求全面集成建筑节能、节地、节水、保护环境的多种技术，而实现技术革新推动。

总之，绿色建筑的快速发展，提出了能源合理利用、综合利用的方针。

五、能源的品位

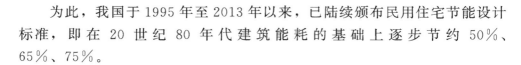

能源的价值不仅有数量的多少之分，更有品位高低的区别。所谓品位

的高低，通俗地说，就是“能”从一种状态或形式可以转化为另一种状态或形式，而后者不能逆转为前者，则前者的品位高于后者。例如，热可以从高温变成低温，但低温不能不付代价地转变为高温，认为温度越高品位越高。但要说明的是，所谓低温，下限不能超出环境温度，低于环境温度的能量品位也是高的，关于这个问题后面有所涉及。

此外，在上述的“能”的形式转化过程中，凡损失少的，或者说“效率”高的就是品位高的，反之，则是品位低的。

例如，天然气发电效率为55%以上，而煤的发电效率在30%左右，则认为天然气的品位高于煤，从这点可以看出，区别能源的品位，按“质”用能对节约能源的重要意义。

在这里，我们要特别提出“可用能”的概念，无论何种能源，只有能转化为人类可利用的“能”，才有评论它的价值和意义。

自然界里存在着大量的与环境状态相同的或区别不大的能源，如空气、地表水、土壤等，它们是清洁的，但不能轻易地转化为人类的“可用能”，但是，如果加以高科技的手段和输入少量高品位的能，则可以转化为“可用能”，因而，是很值得重视的。

建筑技术科学指出，建筑采暖、空调、生活热水一类的用能都属于有别于自然环境，但又是与之差别不大的热能。如采暖是要求比外界环境温度高，空调是要求比外界环境温（湿）度低的状态，因而，尽可能地使用少量高品位的能，来提升自然界中存在的能，使之合乎采暖、空调、生活热水的需求，而不是直接用高品位的电、天然气、石油等可用于工业、交通运输、国防事业的能源，对于节约能源、合理用能，乃至可持续发展是十分重要的。

第二节　人体对室内环境热舒适度的要求

一、人体的热平衡

人体在从食物中获取热量，并在工作时向外界做功的同时，与周围环境进行热、湿交换取得热平衡，则可以找到热舒适温度。当然，人体随时可以更换衣着调节维持体温，一般恒定体温在36.5℃左右。

二、人体与周围环境的热、湿交换

在室内，人体与周围环境的热交换指：

① 人体与周围空气的对流换热，它取决于周围空气的干球温度 t_r 和人体与空气的相对运动速度或风速 v。

② 人体与包围他的所有建筑内表面（包括墙、顶、地、门、窗等）之间的辐射换热，取决于上述诸内表面的温度和这些表面的面积、物性及与人体的相对位置。

③ 人体与周围空气中的湿交换，即出汗与呼吸造成的蒸发散热；取决于空气的相对湿度。

第①、②项是显热交换，第③项则为潜热交换。

三、作用温度

将上述的两项显热交换综合起来以一个温度表示，称为作用温度，它的意义是一个假想的封闭空间具有一个均匀的温度 t_0，人体在这个空间里的显热交换如同与实际环境的显热交换——对流与辐射热交换是等同的，由式(1.1) 可以表述：

$$(t_y-t_0)(\alpha_f+\alpha_d)=[\alpha_f(t_y-t_b)+\alpha_d(t_y-t_r)] \tag{1.1}$$

式中 t_0——作用温度，℃；

t_y——人体表面温度，℃；

t_b——包围人体所有表面的平均温度，℃；

t_r——房间空气温度，℃；

α_f——辐射换热系数，W/(m^2·℃)；

α_d——对流换热系数，W/(m^2·℃)。

四、作用温度的测量及黑球温度 t_g

为了用一个指标（温度）给出人体与室内环境之间显热交换达到舒适的程度，可以采用一个可测量出的温度 t_g替代上述的作用温度 t_0，这就是所谓的黑球温度 t_g。黑球温度仪按下述制作，即制造一个直径 150mm 的黑色铜球模拟人体头部，在其空腔内密封一个温度传感探头，将黑球悬于人体头部的高度，则该黑球与周围环境进行显热交换，达到热平衡时在下述方程中，定量描述：

$$\alpha_f(t_b-t_g)=\alpha_d(t_g-t_r) \tag{1.2}$$

$$t_b - t_g = \frac{\alpha_d}{\alpha_f}(t_g - t_r)$$

$$\left(\frac{\alpha_d}{\alpha_f}+1\right)t_g = t_b + \frac{\alpha_d}{\alpha_f}t_r \tag{1.3}$$

$$t_g = \frac{t_b + \frac{\alpha_d}{\alpha_f}t_r}{\frac{\alpha_d}{\alpha_f}+1} \tag{1.4}$$

在测量出黑球温度 t_g 的同时，可以测试出人体的舒适感，并找出不同衣着、不同工作情况下的热舒适温度。需要指出，黑球温度仅考虑了人体的显热交换，不包括空气湿度影响人体的潜热交换及风速的影响，所以，由它给出的温度指标仅针对一定气候区域、一定的人员习惯，或仅用于对冬季室内舒适度的评价方法。如，t_g=16℃可以作为北方农村太阳房中的人体舒适度指标。图 1.1 所示为黑球温度测量示意图。

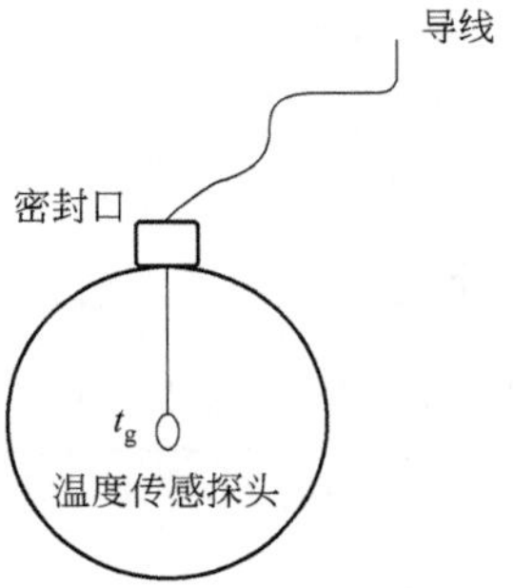

图 1.1　黑球温度测量示意图

五、空气相对湿度 φ 和风速 v 的影响

在人体周围空气温度较低或较正常的情况下，空气的相对湿度对人体的热感觉起重要作用。例如，刚盖好的房子，因为潮湿，生了炉子，人也感觉很冷。这是因为空气中的水蒸气阻碍了人体与周围物体的辐射交换。相反，在闷热的夏天，空气温度已经接近体温，人体对体外的对流或辐射散热已不可能，但是，由于湿度很高，人靠出汗散热也不行，这时人会出现“中暑”的现象。可是，如果仅是周围空气温度高，而相对湿度不高，人体还会感到凉爽。在这种情况下，风速会起到使人更舒适的作用。

所以，使人健康的空气调节，并不是靠低温空气，更不能加上高风速，而应当对空气的相对湿度加以适当调节，使温度、湿度、风速三者起到恰当的综合作用。

六、典型建筑室内热环境的标准

表 1.1 列出了舒适性室内气象参数。

表 1.1 舒适性室内气象参数

参数	冬季空调	夏季空调	民用采暖
温度/℃	18～24	22～28	16～24①
风速/(m/s)	≤0.2	≤0.3	≤0.3
相对湿度/%	30～60	40～65	

① 辐射地板采暖。

第三节 建筑围护结构的传热

建筑围护结构的传热是因为室内、室外的空气温度不同，太阳照射以及人体在室内的活动和炊事、照明等产生的余热引起的。在民用建筑中，一般后者量少，且多为规律性的。表 1.2 给出了有关常用数值。

表 1.2 人体散热量及散湿量

环境温度/℃		18	20	22	24	26	28	30
静坐状态	显热/W	96	81	73	65	56	43	32
	潜热/W	27	29	32	34	37	45	52
	全热/W	122	110	105	99	93	88	84
	散湿量/(g/h)	42	42	45	58	61	77	87
轻度劳动	显热/W	105	96	86	74	63	51	40
	潜热/W	47	53	61	70	81	93	105
	全热/W	152	149	147	144	144	144	145
	散湿量/(g/h)	68	79	90	105	120	130	150
中度劳动	显热/W	107	96	84	75	66	49	37
	潜热/W	93	102	114	122	131	150	160
	全热/W	200	198	198	197	197	199	197
	散湿量/(g/h)	130	245	180	180	200	220	235

冬季，室内温度高于室外，因而，就产生了由室内向室外的传热过程。大部分通过建筑物的外墙、屋顶、门窗和地面等部分散热，加上有人

体所需新风换气量和（或）进入室内的冷风渗透量，扣除上述室内活动产生的热量，形成所谓采暖热负荷，它需要由供暖设备的热量来补偿。在一般民用建筑中多以供暖加热空气解决空气温度和湿度的问题。

夏季，在室外气温和太阳辐射的综合作用下，使得若要获得室内环境的舒适条件，则必须以空调设备去除这部分余热。

可见，无论是冬季还是夏季，要提供合格的供暖、空调设备，都涉及建筑围护结构的传热过程。

一、建筑围护结构传热分析

围护结构是怎样进行传热的呢？让我们分析一下外墙的传热过程。图1.2所示是厚度为 δ 的外墙。当室内、室外空气温度分别为 t_r 和 t_w，且 $t_r > t_w$ 时，由于温度差存在，产生了室内向室外的传热。它的传热过程必然是室内的热量通过墙的内表面、经过墙体而由墙的外表面向室外空气和物体传递。因此，在 t_r 和 t_w 不变的情况下，在传热的过程中，温度是沿途下降的，若 τ_1 和 τ_2 分别代表墙的内、外表面温度，则 $t_r > \tau_1 > \tau_2 > t_w$。

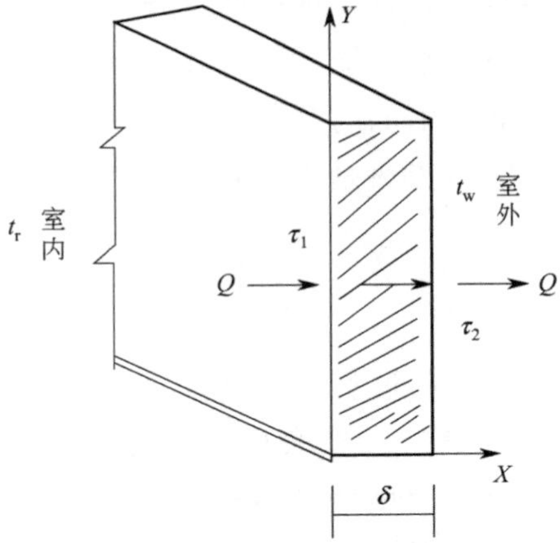

图 1.2　外墙的传热过程

在墙身中的传热是靠 $\tau_1 > \tau_2$ 的温度差而发生的。它是由墙体材料的分子热运动所引起的，这种传热方式称为“导热”。

室内空气和物体与外墙内表面的换热可以分解为两种方式：一是由于室内空气温度 t_r 高于外墙内表面温度 τ_1，接触外墙内表面的热空气被冷却后，失去了一部分热量，温度下降，容重增加而下沉，而另一部分离外墙远一些未被冷却的热空气便自上而下地不断向墙面补充，如图 1.3 所示。这种通过流体的流动把热量从一处带到另一处的传热方式称为“对流”。上述的空气流动是由于空气各部分温度不同而引起的，称为“自然对流”。二是由于室内的其他物体，如内墙、家具等的表面温度高于外墙内表面温度，两个物体虽然没有接触但也发生了传热。这种不是靠物体接触或流体流动，而是靠电磁波发射能量的传热方式称为“辐射”。太阳的热能传到地球上来就是依靠辐射的传热方式。

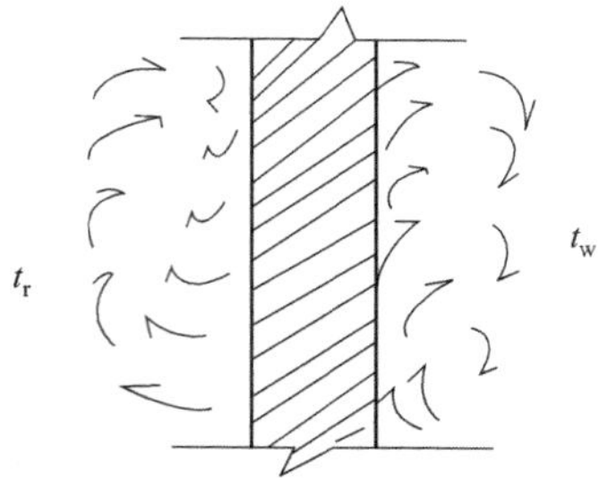

图 1.3　自然对流

墙外表面传给室外空气和物体的热量也同样是依靠对流和辐射两种传热方式进行。但是，室外的空气流动主要不是由于温差引起，而是由风力造成，这种在外力作用下发生的对流传热，称为“受迫对流”。

综上所述，围护结构的传热是由导热、对流和辐射三种基本传热方式组成的复杂传热现象。

二、稳定导热

上述分析围护结构的传热过程时，认为墙壁内、外的空气温度是恒定的，不随时间而变化；墙壁内、外表面温度也是恒定的，不随时间而变化。所以，通过围护结构的传热量也不随时间而变化，这种不随时间变化的传热过程称为稳定传热过程。在这种条件下的导热就是稳定导热。

生活告诉我们，室外温度总是随着季节和时间而变化的，室内、室外的温度差是随时间而变化的，因而，通过围护结构的传热量也随时间而变化。这种随时间而改变的传热过程称为不稳定传热过程。

可见，稳定传热过程是有条件的、特殊的、暂时的传热情况；而不稳定传热过程是绝对的、普遍的传热情况，它是符合客观现实的。但是在计算上前者简单，后者复杂。在工程上通常选择以能满足实际需要的某一稳定传热过程来代替实际的不稳定传热过程。因此，研究稳定传热过程是重要的。

1. 单层平壁导热

设一单一材料砌成的外墙，其厚度为 δ(m)，面积为 F(m^2)，内表面温度为 τ_n(℃)，外表面温度为 τ_w(℃)，且 $\tau_n>\tau_w$。如图 1.4 所示，因 $\tau_n>\tau_w$，热量将从墙内表面传向墙外表面。

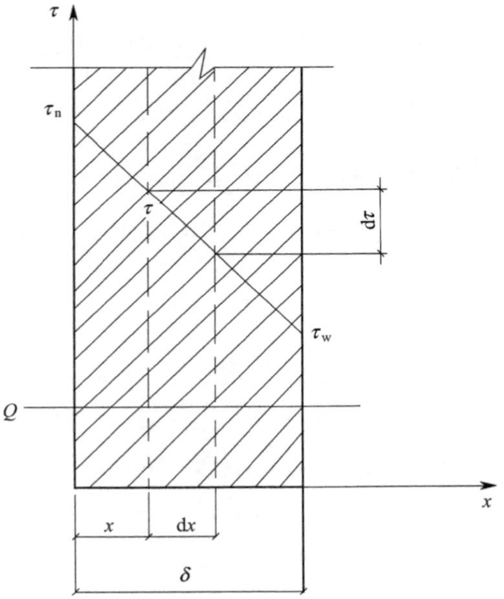

图 1.4　单层平壁

实践证明，每小时通过墙壁的热量 Q(kJ) 与壁面积 F 和两壁面的温度差（$\tau_n-\tau_w$）成正比，而与壁的厚度 δ 成反比。如用数学式表达即为：

$$Q=\lambda\ \frac{F(\tau_n-\tau_w)}{\delta}=\frac{F(\tau_n-\tau_w)}{\frac{\delta}{\lambda}} \tag{1.5}$$

式(1.5) 反映了导热的规律，故通常称它为平壁的导热公式。式中，λ 为比例系数，它随着壁体材料的不同而变化。当取 $F=1m^2$，$\Delta t=\tau_n-\tau_w=1$(℃) 和 $\delta=1$(m) 时，则得 $\lambda=Q$。这说明了比例系数 λ 的物理意义为：当沿着导热的方向每米长度上温度降落为 1℃时，每小时、每平方米面积的平壁所能通过的热量。它表示了壁体材料的导热能力，故称 λ 为热导率。各种材料的热导率 λ 值的大小相差是很大的，如紫铜管 $\lambda=398W/(m\cdot℃)$，砖砌体 $\lambda=0.81W/(m\cdot℃)$，泡沫塑料 $\lambda=0.042W/(m\cdot℃)$。说明金属材料导热性好，而多孔材料导热性差。关于材料的热导率将在表 1.3 中详细说明。

式中的$\frac{\tau_n-\tau_w}{\delta}$值表示沿热的传播方向上每米长度上温度降落的多少，叫作温度降度。若相反的情况，沿热的传播方向上其温度是升高的，即$\frac{\tau_w-\tau_n}{\delta}$值，则称为温度梯度。可见，温度梯度和温度降度在方向上是不同的。温度梯度的方向总是朝着温度升高的一面。

式中的$\frac{\delta}{\lambda}$称为材料层热阻，以 R 表示，即 $R=\frac{\delta}{\lambda}$。它表示材料层阻止导热的能力。因此，导热公式（1.5）也可以用式(1.6）表示：

$$Q=F\,\frac{\tau_n-\tau_w}{R} \tag{1.6}$$

在冬季，我们常常见到这样的情况：当室温较高而室外温度较低时，玻璃窗上往往出现滴水甚至结冰现象。这是由于室内热空气与玻璃冷表面接触时温度降到了露点温度以下，把空气中的水分凝结出来了。若这种情况出现在墙身内部，将会使墙体材料受潮，甚至结冻，就会破坏围护结构的保暖作用和结构强度。为此，有时需了解壁内温度，以检查其温度是否过低，以便事先发现和采取消除措施。那么壁内温度怎么求呢？

我们可从 $F=1m^2$ 的墙壁中任取一薄层 dx（图 1.4），薄层两侧的温差为 $d\tau$，在稳定传热的情况下，通过薄层的热量和通过整个墙壁的热量是相等的。因此，通过这薄层的导热公式应为：

$$q=\frac{Q}{F}=-\lambda\,\frac{d\tau}{dx} \tag{1.7}$$

式中，q 为单位面积的传热量，又称热流量；$\frac{d\tau}{dx}$为薄层内的温度梯度；“—”表示传热量和温度梯度的方向相反。

把式(1.7）分离变量后，可得：

$$q\,dx=-\lambda\,d\tau$$

将上式积分，由于当 $x=0$ 时，$\tau=\tau_n$；当 $x=x_0$ 时，$\tau=\tau_x$，则得：

$$q\int_0^{x_0} \mathrm{d}x = -\lambda \int_{\tau_n}^{\tau_x} \mathrm{d}\tau$$

$$qx = -\lambda(\tau_x - \tau_n)$$

移项并整理后得：

$$\tau_x = -\frac{q}{\lambda}x + \tau_n \tag{1.8}$$

式中，τ_x 为墙壁内部任意位置上的温度。式(1.8）的形式与数学中的直线方程 $y=ax+b$ 相同，所以，平壁中的温度分布是直线形的。

若把
$$q = \frac{Q}{F} = \lambda\,\frac{(\tau_n - \tau_w)}{\delta}$$

代入，则式(1.8）的形式可写成：

$$\tau_x = \tau_n - \frac{x}{\delta}(\tau_n - \tau_w) \tag{1.9}$$

2. 多层平壁的导热

外墙通常并非单层的平壁，一般建筑物的外墙除砖为墙体外，内表面都有抹灰，有时外表面还有抹灰或水刷石。有些特殊用途的建筑，为了减少传热量，在墙身内部还加一层或几层保温材料。屋顶和地板也很少是单一材料组成的结构。下面将以三层不同材料组成的外墙为例来说明多层平壁导热的规律。

图 1.5 所示是一面积为 F 的外墙，其各层材料的热导率分别为 λ_1、λ_2、λ_3，各层的材料厚度分别为 δ_1、δ_2、δ_3，而壁两侧的表面温度分别为 τ_n和 τ_w，且$\tau_n > \tau_w$。

设第一层和第二层交界处的壁面温度为 τ_1，第二层和第三层交界处的壁面温度为 τ_2。根据稳定传热的特点，即通过各层的热量等于通过整个平壁的热量。所以，各层的传热量可用下列公式表示：

$$Q = \frac{\lambda_1 F(\tau_n - \tau_1)}{\delta_1} \tag{1.10}$$

$$Q = \frac{\lambda_2 F(\tau_1 - \tau_2)}{\delta_2} \tag{1.11}$$

$$Q = \frac{\lambda_3 F(\tau_2 - \tau_w)}{\delta_3} \tag{1.12}$$

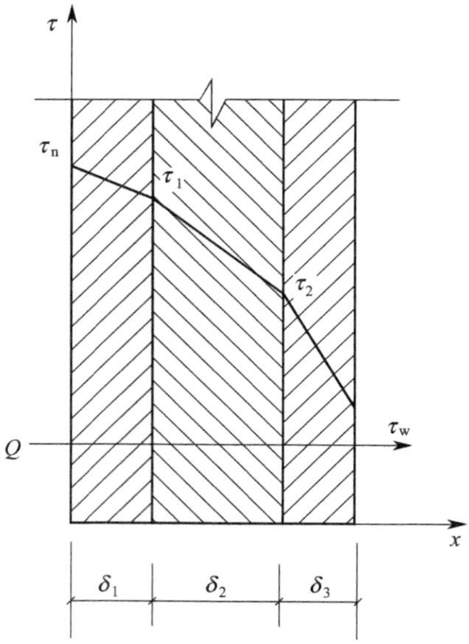

图 1.5　多层平壁

那么，各层的温度差应分别为：

$$\tau_n - \tau_1 = \frac{Q\delta_1}{F\lambda_1} \tag{1.13}$$

$$\tau_1 - \tau_2 = \frac{Q\delta_2}{F\lambda_2} \tag{1.14}$$

$$\tau_2 - \tau_w = \frac{Q\delta_3}{F\lambda_3} \tag{1.15}$$

把式(1.13)、式(1.14) 和式(1.15) 相加得：

$$\tau_n - \tau_w = \frac{Q}{F}\left(\frac{\delta_1}{\lambda_1} + \frac{\delta_2}{\lambda_2} + \frac{\delta_3}{\lambda_3}\right)$$

则

$$Q = \frac{F(\tau_n - \tau_w)}{\left(\frac{\delta_1}{\lambda_1} + \frac{\delta_2}{\lambda_2} + \frac{\delta_3}{\lambda_3}\right)} = \frac{F(\tau_n - \tau_w)}{R_1 + R_2 + R_3} \tag{1.16}$$

把式(1.16) 和式(1.6) 比较一下就会发现，多层平壁导热和单层平壁导热在本质上是一样的，只是在分母中把各材料层热阻相加而已。根据这个规律，可得到任意数目的多层平壁导热公式为式(1.17) 所示的通用公式：

$$Q=\frac{F(\tau_{n}-\tau_{w})}{\sum_{i=1}^{n}\frac{\delta_{i}}{\lambda_{i}}}=\frac{F(\tau_{n}-\tau_{w})}{\sum_{i=1}^{n}R_{i}} \tag{1.17}$$

一些常用材料的热导率和其他热物性见表 1.3。

表 1.3　一些常用材料的热导率和其他热物性

序号	材料名称	干密度 ρ /(kg/m³)	计算参数			
			热导率 λ /[W/(m·℃)]	蓄热系数 S(24h) /[W/(m²·℃)]	比热容 c /[kJ/(kg·℃)]	蒸汽渗透系数 μ /[g/(m·h·Pa)]
1	普通混凝土	2500	1.74	17.20	0.92	0.0000158
1.1	钢筋混凝土	2300	1.51	15.36	0.92	0.0000173
1.2	碎石、卵石混凝土	2100	1.28	13.50	0.92	0.0000173
2	水泥砂浆	1800	0.93	11.26	1.05	0.000021
2.1	石灰水泥、砂浆	1700	0.87	10.79	1.05	0.0000975
2.2	石灰、砂浆	1600	0.81	10.12	1.05	0.0000443
2.3	石灰石膏、砂浆	1500	0.76	9.44	1.05	
2.4	保温砂浆	800	0.29	4.44	1.05	
3	灰砂砖砌体	1900	1.10	12.72	1.05	0.000105
4	聚乙烯泡沫塑料	100	0.047	0.69	1.38	
		30	0.42	0.35	1.38	
5	聚氨酯硬泡沫塑料	50	0.037	0.43	1.38	
6	木屑板	200	0.065	1.41	2.10	0.000263
6.1	石膏板	1050	0.33	5.08	1.05	0.000079
7	土壤					
7.1	夯实黏土	2000	1.16	12.99	1.01	
		1800	0.93	11.03	1.01	
7.2	加草黏土	1600	0.76	9.37	1.01	
8	石材					
8.1	花岗岩、玄武岩	2800	3.49	25.49	0.92	0.0000113
8.2	大理石	2800	2.91	23.27	0.92	0.0000113
9	沥青油毡、油毡纸	600	0.17	3.33	1465	
10	平板玻璃	2500	0.76	10.69	840	0
11	紫铜	8500	407	323.5	420	0
12	建筑钢材	7850	58.2	126.1	480	0
13	铝	2700	230	203.3	920	0
14	铸铁	7250	49.9	112.2	480	0

注：摘自李元哲主编，清华大学出版社 1993 年 3 月出版的《被动式太阳房热工设计手册》。

三、 稳定传热

在上述稳定导热计算中都假设平壁两侧的表面温度是已知的，但在实际工程中，壁面温度往往是未知的，而平壁两侧外的空气温度，即室内温度 t_r 和室外温度 t_w 才是容易知道的。因此，单用导热规律来计算传热量是不够的。

前文中提到，室内向围护结构内表面上的传热和它的外表面向室外的传热是通过对流和辐射两种传热方式。我们把这类传热过程叫换热过程。因为它可以分为放热过程和受热过程两种。对壁面来说，接受热量的换热过程称为受热过程，放出热量的换热过程称为放热过程。

研究结果认为，壁面所接受或放出的热量与壁的面积 F 和空气与壁面的温度差（$t-\tau$）成正比。用数学公式表示为：

$$Q=\alpha F(t-\tau) \tag{1.18}$$

式中，α 为换热系数。它表示沿传热的方向，在 $1m^2$ 的壁面上，当空气和壁面温度差为1℃时，空气与壁面的对流换热以及周围环境对壁面的辐射换热的总传热量。

对于受热过程又称受热系数，放热过程又称放热系数。

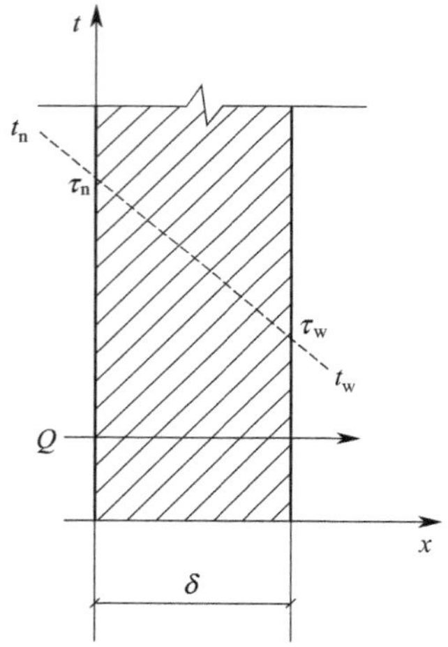

图 1.6　平壁传热

在稳定传热的情况下，受热过程、放热过程和壁体的导热过程的传热量是相等的。

下面分别讨论平壁和不规则壁的传热。

1. 平壁传热

如图 1.6 所示，设一平壁面积为 F，厚度为 δ，其壁的内、外空气温

度分别为 t_n 和 t_w，且 $t_n > t_w$。

先假定平壁内表面温度为 t_n，平壁外表面温度为 t_w。显然，$t_n > \tau_n > \tau_w > t_w$，热量从平壁的内侧向外侧传递。

利用换热公式(1.18) 求解壁面温度如下。

平壁内表面的受热过程，其传热量为：

$$Q=\alpha_n F(t_n-\tau_n) \tag{1.19}$$

则

$$\tau_n=t_n-\frac{Q}{\alpha_n F} \tag{1.20}$$

平壁外表面的过程，其传热能量：

$$Q=\alpha_w F(\tau_w-t_w) \tag{1.21}$$

$$\tau_w=\frac{Q}{\alpha_w F}+t_w \tag{1.22}$$

式中，α_n 和 α_w 分别为内表面的受热系数和外表面的放热系数。

将式(1.20) 和式(1.22) 代入导热公式(1.17) 则得：

$$Q=\frac{F\left[\left(t_n-\frac{Q}{\alpha_n F}\right)-\left(\frac{Q}{\alpha_w F}+t_w\right)\right]}{\sum_{i=1}^{n} R_i}$$

把上式加以整理便得到平壁传热的普遍公式(1.23) 为：

$$Q=\frac{F(t_n-t_w)}{\frac{1}{\alpha_n}+\sum_{i=1}^{n} R_i+\frac{1}{\alpha_w}} \tag{1.23}$$

或

$$Q=kF\Delta t \tag{1.24}$$

式中

$$\Delta t=t_n-t_w$$

$$k=\frac{1}{\frac{1}{\alpha_n}+\sum_{i=1}^{n} R_i+\frac{1}{\alpha_w}}$$

式中，k 为传热系数。它的物理意义是：在单位时间内，当壁两侧空气的温度差为 1℃时，从一侧通过 $1m^2$ 壁面传给另一侧的热量。

在围护结构的传热计算中，有时也把 $\frac{1}{\alpha_n}$ 和 $\frac{1}{\alpha_w}$ 称为表面热阻，即总热阻为：

$$\sum R=\frac{1}{k}=\frac{1}{\alpha_{n}}+\sum_{i=1}^{n}R_{i}+\frac{1}{\alpha_{w}}$$

这样，平壁的传热公式也可以写为：

$$Q=\frac{F\Delta t}{\sum R} \tag{1.25}$$

换热系数 α_n 和 α_w 也和热导率一样，是由实验得到的。如外墙，在冬季 $\alpha_n=8.7W/(m^2\cdot℃)$，$\alpha_w=23W/(m^2\cdot℃)$。关于换热系数下面将详细介绍。

2. 圆筒壁的传热

上面所述的平壁，其受热面积和放热面积是相等的。但在实际工作中有时会遇到一些不规则的壁面，如圆形的结构，它的内表面积和外表面积是不相等的。对于这类不规则的壁面用平壁公式来计算是不准确的。

设有一任意形态的壁，它的内表面积为 F_n，外表面积为 F_w，当 $t_n>t_w$ 时，传热的方向是垂直于壁面的。

其内、外表面的温度仍可以用换热公式(1.18) 来得到：

壁内表面的受热过程，其传热量为：

$$Q=\alpha_{n}F_{n}(t_{n}-\tau_{n}) \tag{1.26}$$

则

$$\tau_{n}=t_{n}-\frac{Q}{\alpha_{n}F_{n}} \tag{1.27}$$

壁外表面的放热过程，其传热量为：

$$Q=\alpha_{w}F_{w}(\tau_{w}-t_{w}) \tag{1.28}$$

$$\tau_{w}=\frac{Q}{\alpha_{w}F_{w}}+t_{w} \tag{1.29}$$

但由于壁两侧的面积不同，壁体内各层的热流（单位面积所通过的热量）是不等的，因此，其导热计算不能用上述的平壁导热公式，而必须用积分来求解。

若在壁内取一薄层 dx，它与内表面的距离很小，则这薄层（无限薄的层）的两侧面积可以认为是一样的，以 f 来表示，而其两侧的温差应为 $d\tau$。这样，导热公式应为：

$$Q=-f\lambda\frac{d\tau}{dx} \tag{1.30}$$

将公式分离变数后，则得：

$$d\tau = -\frac{Q}{f\lambda}dx \tag{1.31}$$

显然，当 $x=0$ 时，$f=F_n$，$\tau=\tau_n$；当 $x=\delta$ 时，$f=F_w$，$\tau=\tau_w$。

这样，在 $x=0$ 到 $x=\delta$ 的范围内积分则得：

$$\tau_n - \tau_w = \frac{Q}{\lambda}\int_0^\delta \frac{dx}{f} \tag{1.32}$$

再将式(1.27) 和式(1.29) 与式(1.32) 联立，并加以整理便得到不规则壁面传热的普遍公式：

$$Q = \frac{t_n - t_w}{\dfrac{1}{\alpha_n F_n} + \dfrac{1}{\alpha_w F_w} + \dfrac{1}{\lambda}\displaystyle\int_0^\delta \frac{dx}{f}} \tag{1.33}$$

对于平壁则 $F_n = F_w = F$，而

$$\int_0^\delta \frac{dx}{f} = \frac{\delta}{F}$$

代入上式得： $Q = \dfrac{t_n - t_w}{\dfrac{1}{\alpha_n F} + \dfrac{1}{\alpha_w F} + \dfrac{\delta}{\lambda F}} = \dfrac{F(t_n - t_w)}{\dfrac{1}{\alpha_n} + \dfrac{\delta}{\lambda} + \dfrac{1}{\alpha_w}}$

这个公式就是单层平壁的传热公式，可见，平壁传热仅是不规则壁面传热公式的特例罢了。

对于圆筒壁，设内径为 D_n，外径为 D_w。如图 1.7 所示。

则

$$F_n = \pi D_n H$$

$$F_w = \pi D_w H$$

在 $\int_0^\delta \frac{dx}{f}$ 中，f 是 x 的函数。

当 $x = \dfrac{D_x - D_n}{2}$ 时，即 $f = (D_n + 2x)\pi H$

所以，

$$\int_0^\delta \frac{dx}{f} = \int_0^{\frac{D_w - D_n}{2}} \frac{dx}{(D_n + 2x)\pi H}$$

$$= \frac{1}{\pi H} - \int_0^{\frac{D_w - D_n}{2}} \frac{dx}{D_n + 2x}$$

$$= \frac{1}{2\pi H}\ln\frac{D_w}{D_n}$$

把上面的分项结果代入式(1.33)，并加以整理则得圆筒壁传热

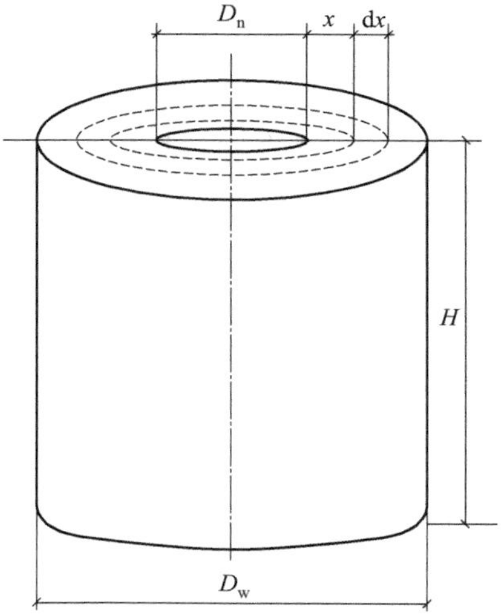

图 1.7　圆筒壁传热

公式：

$$Q=H\frac{t_{n}-t_{w}}{\frac{1}{\pi D_{n}\alpha_{n}}+\frac{1}{\pi_{w}D_{w}\alpha_{w}}+\frac{1}{2\pi\lambda}\ln\frac{D_{w}}{D_{n}}} \tag{1.34}$$

若为多层圆筒体，根据热阻叠加原理，则：

$$Q=H\frac{t_{n}-t_{w}}{\frac{1}{\pi D_{n}\alpha_{n}}+\frac{1}{\pi D_{w}\alpha_{w}}+\sum_{i=1}^{n}\frac{1}{2\pi\lambda_{i}}\ln\frac{D_{i+1}}{D_{i}}} \tag{1.35}$$

四、对流换热

在上文讲到换热系数时，曾经指出，它包括空气与壁面的对流换热和环境物体与壁面的辐射换热两个部分。它们与哪些因素有关？用什么方法来得到它们的数值？下面将分别加以讨论。本节先讨论对流换热。

1. 对流换热的流动状态

实践证明，在流体和固体壁面的换热中，对流不能单独存在，总是伴随着导热过程发生的。这种对流和导热的综合作用就叫作对流换热。

为什么在流体中会发生导热？

因为，既然流体沿着壁体流动，它们的运动状态就受到固体壁面的约束，流体的状态在流体力学中已被区分为层流和紊流两种状态。当流体沿壁面的流动速度较小时，它的各部分是一层一层地平行向前移动的，我们把这种移动叫作层流，如图 1.8 所示。当流体的速度增大后，流体的运动是不规则的、混掺的，发生了许多漩涡，这种流动状况叫作紊流。但在紊流时，贴近壁面处仍有一薄层部分由于受壁面的摩擦而保持着层流状态，这一薄层部分叫作层流底层，如图 1.9 所示。

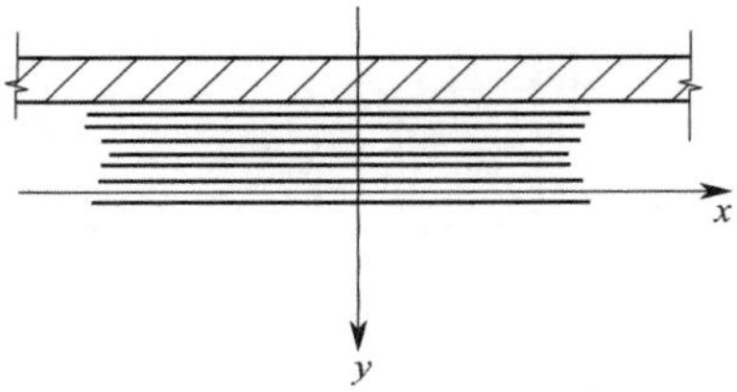

图 1.8 层流状态

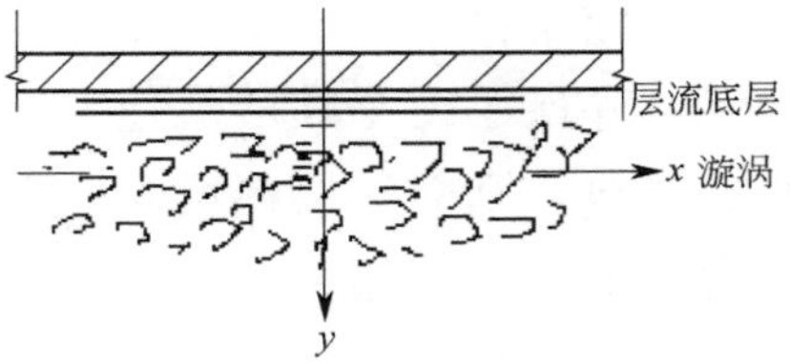

图 1.9 紊流状态

实践证明，一般在层流或层流底层中，在与流体流动方向 x 相垂直的 y 方向上，各层流体之间没有互相掺混，所以，传热主要是靠导热。可见，导热现象不仅存在于固体之中，在流体中也会存在。从图 1.8 和图 1.9 中可以看出，在层流底层内的 x 方向上，才是靠流体的运动以对流的方式把热量带走。在旋涡区，由于旋涡扰动，x 和 y 方向上都以对流方式传热，使传热大大增加。

由前述已知，流体的热导率小于固体的热导率，因此，在层流或层流底层中，其热阻是比较大的，温度梯度也是比较大的。而在紊流区，其传热靠对流进行，温度几乎是一致的。如图 1.10 所示。

由图 1.10 可见，层流底层的厚度是对流换热时的一个主要热阻，是影响对流换热的一个主要因素。既然层流底层是对流换热的主要矛盾，那么它与哪些因素有关？

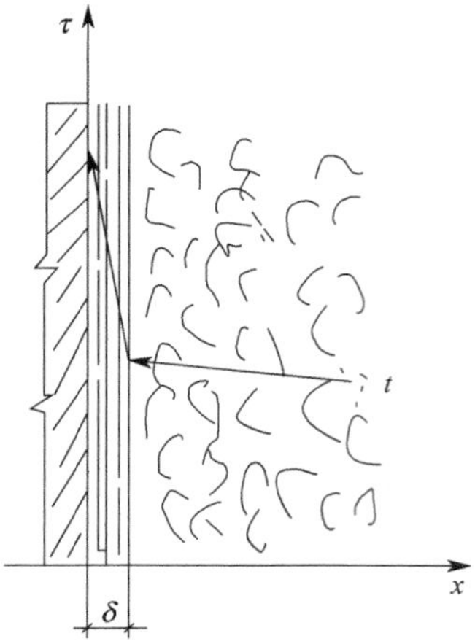

图 1.10　流体与壁面对流换热时的温度变化

2. 影响对流换热强弱的因素

（1）流体的速度　在一定条件下，可认为流体的速度将决定流体是层流或紊流。在紊流中的层流底层厚度是随着流速的增大而减薄。因此，流体的速度增大，层流底层减薄，则对流换热增强；反之则减弱。

（2）流体流动的动力　前面也讲过对流分自然对流和受迫对流两种。对于自然对流，它的流体的流动是由温差产生的，即壁面和流体的温度差的大小决定了流体流速的大小，所以，壁面和流体的温度差是影响自然对流换热的主要因素。但是，它与固体壁面放置位置也有关。例如，对水平放置的热平板附近的空气，当冷空气在平板上时，由于壁面和流体的温度差所造成的空气运动不受限制，被加热的空气能自由上升，被冷却的空气能自由地降到壁面加热，因此，使对流换热增强。如图 1.11(a) 所示。当冷空气在平板下面时，则是相反的情况，冷空气仅在贴近热板处的一薄层流动，低于这一层，冷空气是静止的，如图 1.11(b) 所示。

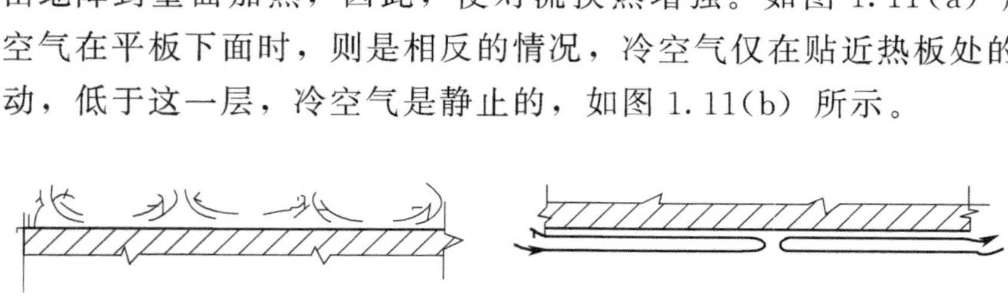

(a)　　(b)

图 1.11　水平放置热平板附近空气的自然对流

这是因为空气被加热后的运动受热板的限制，热空气只能沿热板做缓慢移动所致。因此，使对流换热减弱。在受迫对流时，其流体的流动主要是靠外力的作用，所以固体壁面位置的影响则是次要的。

（3）流体的物理性质　流体的种类（如空气、水或油）及其温度的高低也影响着对流换热的大小。这是由于不同的流体动黏度不同和本身的导热性不同所致。对于空气，在一般温度下动黏度的变化是极小的，其影响是可以不予考虑的。

3. 对流换热系数

通过上面的分析，可以认为，对于某种流体和壁面的对流换热大小首先是取决于流体流动的状况和层流底层厚度的大小。在受迫对流时，流体的流速是主要因素，在自然对流时，壁面和流体的温度差是主要因素。

但是，由于因素复杂，层流底层厚度通过理论计算得到是很困难的，通过实验获得它的厚度也很困难，因此，对流换热的换热系数是由实验得到，传热量用换热公式计算，即：

$$Q=\alpha_{d}F(\tau-t) \tag{1.36}$$

式中，α_{d} 为对流换热系数，W/(m^2·℃)；F 为壁面面积，m^2；τ 为壁面温度，℃；t 为流体温度，℃。

显然，对流换热系数表示了沿传热方向在 1m^2 的壁面上，当壁面和流体的温差为 1℃时，空气和壁面的对流换热的传热量。

因此，对流换热的实验研究的主要任务是求得对流换热系数。国外在这方面研究很多，介绍的公式不少，但由于各自的实验研究条件的不同，其结果往往有较大的出入。

对于建筑物围护结构的内表面与室内空气的对流换热，一般是自然对流的情况，实验结果往往整理成式(1.37) 的形式：

$$\alpha_{d}=A\Delta t^{n} \tag{1.37}$$

式中，Δt 为壁面和空气的温度差，℃；A 为系数，它和温度有关；n 为指数，它和流体的运动状态有关。

试验结果表明，对于平壁，其值与竖壁相比有如下结果：热面朝上时，增大 30%；热面朝下时，减少 30%。

对于建筑围护结构的外表面与室外空气的对流换热，由于风力作用，一般属于受迫对流的情况。实验结果往往整理成如下形式：

目前在风速 $v<5\text{m/s}$ 的情况下，常采用 $\alpha_d=20\text{W}/(\text{m}^2\cdot℃)$，当风速很大或以一定角度冲击壁面时，对计算结果再进行修正。

五、辐射换热

前面已经指出，物体表面互相不接触，但由于它们之间存在着温度差，也发生传热现象，这就是辐射换热。一切物体不论处于任何温度之下，物质内部原子中的电子都在激烈地运动着，向外界发射辐射能，这种辐射能就是电磁波的传送。它的波长为 0.8～40μm，是不可见的。

1. 热辐射的基本概念

前面已经指出物体表面相互不接触，但由于它们之间存在温差，也发生传热现象，这就是辐射换热。这是由于一切物体无论在何种温度下，其物质内部原子中的电子都在激烈地振动，并向外界发射能量，它的波长在 0.8～40μm，是不可见光，属于电磁波的长波范畴，称长波辐射或红外线，这种辐射落到物体表面即化为热能，而和可见光物性一样，这种射线在物体表面上将一部分被吸收，一部分被反射，甚至在有些物体上还能透过一部分。

设外来射线的总能量为 Q，其中反射出去的一部分能量为 Q_R，被物体吸收的一部分能量为 Q_A，透过的一部分能量为 Q_D，如图 1.12 所示。

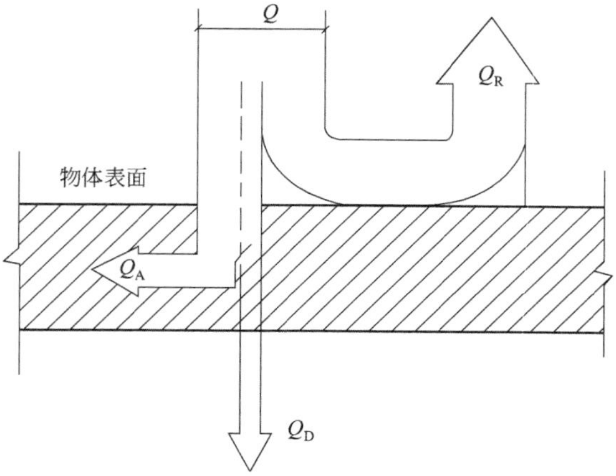

图 1.12　落在物体上的辐射能分配情况

则：$$Q_A+Q_R+Q_D=Q$$

若把上式等号左右的各项除以 Q，则成为以总能量的百分数来表示的公式，即：

$$\frac{Q_A}{Q}+\frac{Q_R}{Q}+\frac{Q_D}{Q}=1 \tag{1.38}$$

也可写成：$A+R+D=1$

式中，$A=\frac{Q_A}{Q}$，为材料的吸收率；$R=\frac{Q_R}{Q}$，为材料的反射率；$D=\frac{Q_D}{Q}$，为材料的穿透率。

A、R、D 是三个没有单位的数值，它们分别说明物体所能吸收、反射和穿透的能量占总能量的百分数；因此，它们的数值都只能在 0～1。一般工程材料，如砖、混凝土等建筑材料，都是不透明体，即 $D=0$；它们对于外来射线，只有吸收和反射的作用，即 $A+R=1$，或 $A=1-R$。

上式说明，凡是善于反射的材料（R 较大）就一定不能很好地吸收（A 必然较小）；反之亦然。

2. 热辐射的基本定律

前面只讲物体对外来辐射能具有吸收、反射和穿透的特点。但物体能辐射出多少能量？它与什么因素有关？

研究结果表明，任何物体，只要具有－273℃（$t+273=T$，t 是以摄氏度为单位的温度，T 称为热力学温度）以上的温度都具有辐射的能力。我们把物体本身在 1m² 表面上所具有的单位时间的辐射能力叫作辐射力。这个辐射力的大小与物体本身温度的大小有关。

实验结果证明，黑体的辐射力与该黑体所处的热力学温度 T 的四次方成正比，即：

$$E_0=\sigma_0 T^4 \tag{1.39}$$

式中，σ_0 为黑体辐射的比例常数，或称黑体辐射常数。经过实验得到：$\sigma_0=5.67\times10^{-8}\mathrm{W/(m^2\cdot K^4)}$。

为了简化运算，我们在工程计算中常把式(1.39) 写成如下形式：

$$E_0=C_0\left(\frac{T}{100}\right)^4=5.67\left(\frac{T}{100}\right)^4 \tag{1.40}$$

式(1.40) 是计算黑体辐射力的基本公式，通常称它为黑体辐射四次方定律。式中，C_0为黑体的辐射系数，$C_0=5.67\mathrm{W/(m^2\cdot K^4)}$。

对于灰体的辐射力实验发现，灰体的辐射力 E 与该灰体所处的热力学温度 T 的四次方成正比，即：

$$E=C\left(\frac{T}{100}\right)^4 \tag{1.41}$$

式中，C 为灰体的辐射系数。不同的物体，辐射系数 C 不同，它取决于物体的性质和表面情况。但是，C 值永远小于 C_0 值，在 0～5.67 的范围内变化。

在工程中，为了鉴别各种物体的辐射力大小，往往与黑体在同一温度下的辐射力作比较。即：

$$\frac{E}{E_0}=\frac{C\left(\frac{T}{100}\right)^4}{C_0\left(\frac{T}{100}\right)^4}=\frac{C}{C_0}=\varepsilon \tag{1.42}$$

或
$$C=\varepsilon C_0=5.67\times\varepsilon \tag{1.43}$$

式中，ε 表示灰体的辐射力接近于黑体的程度，通常称为灰体的黑度。ε 值的变化范围在 0～1，显然，$\varepsilon=1$ 就是黑体。

在自然界中，绝对的黑体材料是不存在的，但接近黑体的材料是找得到的，如灯黑或乙炔燃烧时在冷壁面上积成的一层炭黑，它们的 ε 值都接近于 1（$\varepsilon=0.98$）。各种常用材料在 0～200℃时的黑度列在表 1.4 中。

表 1.4　各种材料在 0～200℃时的黑度 ε

材料名称	表面状况	黑度 ε	材料名称	表面状况	黑度 ε
金属			大理石	磨光	0.85
铝	抛光	0.04	木材	刨光	0.8～0.9
铝	粗糙	0.07	油漆涂料		
镀锌铁皮		0.24～0.28	铝漆	光泽	0.34～0.42
钢板	氧化	0.69	黑漆	无光泽	0.96～0.98
铸铁	未加工	0.75～0.81	涂在铁上的黑漆	光泽	0.87
建筑材料			白漆		0.8～0.95
石棉水泥板	粗糙	0.87	各种颜色的涂料	（油质）	0.92～0.96
油毛毡	粗糙	0.93	其他材料		
混凝土	粗糙	0.64	水	平静	0.98
砂渣混凝土	粗糙	0.91	雪		0.96
水泥砂浆	光滑	0.69	土壤	耕松	0.22
石灰砂浆	粗糙	0.88	水银（汞）		0.09～0.12
红砖	粗糙	0.93～0.95	透明冰	光滑	0.97
玻璃	光滑	0.94	灯烟		0.98
耐火砖		0.8～0.9	油		0.93
纸	无光泽	0.8～0.9			

3. 物体之间的辐射换热

上一节只解决物体本身辐射力的大小，但是，任何物体都不是孤立存在的，两个不同温度物体的相互辐射就发生辐射换热。

对于平行的黑体壁面的辐射换热的计算是比较简单的。假如两个黑体平壁的面积很大，或者其间距与面积比较是很小的，以至任一壁面所发射的辐射热几乎都被另一壁所吸收，如图 1.13 所示。

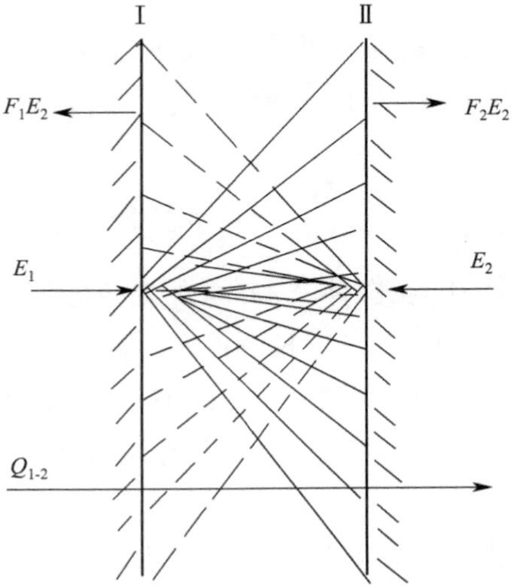

图 1.13　平行黑体壁面的辐射换热

(1) 平行平壁（间隔不大时）之间黑体的辐射换热

在此情况下，一个壁面所发出的辐射量，几乎都被另一个壁面所吸收，如图 1.13 所示，设Ⅰ壁和Ⅱ壁的面积为 F_1、F_2，且 $F_1=F_2$，它们的温度分别为 T_1和 T_2。所以，壁Ⅰ传给壁Ⅱ的辐射热量是 $Q_{1\text{-}2}$。因此，Ⅰ、Ⅱ之间的辐射换热量就是它们发射出来的辐射换热量之差，即：

$$Q_{1\text{-}2}=Q_1-Q_2=F_1E_1-F_2E_2$$

$$Q_{1\text{-}2}=F_1C_0\left[\left(\frac{T_1}{100}\right)^4-\left(\frac{T_2}{100}\right)^4\right] \tag{1.44}$$

式中，T_1为物体Ⅰ的表面热力学温度，K；T_2为物体Ⅱ的表面热力学温度，K；F_1为物体Ⅰ的表面积，$F_1=F_2$。

(2) 实际物体之间的辐射热交换

实际物体都不是黑体而是灰体，它们在一定温度下，既有向外的辐射量，又有吸收外来物体的辐射，并反射一部分回去的能力，过程是无数次的吸收、反射的复杂过程。

另一方面，它们彼此之间的方位也不同，所以，彼此吸收、反射多少也因相对位置的不同而不同。所以，物体之间的辐射热交换，除如上所述和物体的表面积、温度有关外，还和物体的黑度、形状、相对位置、距离等因素有关。

综合实际物体之间的辐射、吸收、反射能力及物体的状态、相对位置、距离等因素，可以把物体1与物体2之间的辐射热交换量以式(1.45)表示，即：

$$Q_{1\text{-}2}=5.67\times10^{-8}\varepsilon_{xt}F_1|T_1^4-T_2^4| \tag{1.45}$$

式中，$Q_{1\text{-}2}$为物体1与物体2之间的辐射热交换量，W；5.67×10^{-8}为黑体辐射常数，$W/(m^2\cdot K^4)$；F_1为物体1向物体2辐射的表面积，m^2；T_1、T_2为物体1、物体2的热力学温度，K；ε_{xt}为系统黑度，它是辐射物体之间的空间位置、几何尺寸及表面物性，即黑度的函数。

针对建筑供冷、暖中的常见问题，给出以下三种情况的算式。

① 当辐射换热的物体为平行平壁时（间距相对面积小得多）：

$$\varepsilon_{xt}=\frac{1}{\varepsilon_1+\varepsilon_2-1} \tag{1.46}$$

② 当辐射换热的物体Ⅰ被物体Ⅱ包围时，如地板（或天花板）向房间内各其他表面或物体辐射时的情形：

$$\varepsilon_{xt}=\left[\frac{1}{\varepsilon_1}+\frac{F_1}{F_2}\left(\frac{1}{\varepsilon_2}-1\right)\right]^{-1} \tag{1.47}$$

③ 当辐射物体Ⅰ相对物体Ⅱ的面积很小，即F_1/F_2趋近于0时：

$$\varepsilon_{xt}=\varepsilon_1 \tag{1.48}$$

这相当于在房间里挂一块小辐射板，或取暖炉向周围辐射的情况。

需要说明的是，应用上述公式时，辐射物体Ⅰ没有凹陷的表面。其次，物体Ⅰ、Ⅱ的辐射指红外线波长范围内的黑度，物体Ⅰ、Ⅱ不是透明体。

第四节 热力学的基本定律

热力学第一定律是能量守恒与转换定律在热现象上的应用。能量守恒与转换定律的意义是什么？能量既不能被创造，也不能被消灭，但能够从一个物体转移至另一个物体，而转移前后能量的总和不变。

工程热力学中主要研究热能与机械能之间的相互转换，机械能常以变为“功”来度量，因而，能量守恒定律可以表达为“热可以变为功，功可以变为热”，消耗了一定量的功时，必然出现与之相应数量的热。例如，摩擦功可以化为热是很容易理解的，至于热量在物体之间的转移，则复杂一些，例如，暖器中的热水，在温度降低时把热量转移到房间，在数量上是守恒的。

在热量与功的转换中，一定量的功相当于多少热量？也就是常说的热功当量关系，可以用式(1.49)表示：

$$A=\frac{1}{427\times 4.18} \tag{1.49}$$

由此，可获得热与功在数量上的关系：

$$Q=AW \tag{1.50}$$

式中，Q 为热量，kJ；A 为热功当量；W 为功，kgf·m。

但是，如上所述的摩擦功可以化为热量，热量却不可以无条件地化为功；同样，热能从高温可以传递到低温，却不能无条件地从低温传递到高温。热力学第二定律就是研究这些条件的，虽然上述热能与功的转换的具体形式各不相同。但是，热力学第二定律指出，它们需要的条件是一致的，那就是需要消耗外界的另一种能，或向外界付出损失。

例如，热泵要用制冷剂从低温物体取热，必须消耗压缩机的压缩功，才能将热传递到高温物体，设高温物体得到的热为 Q_1，从低温物体提取的热为 Q_2，压缩功为 W，则有式(1.51)成立：

$$Q_1=Q_2+W \tag{1.51}$$

而描述该热泵的经济技术指标称之为COP：

$$COP=\frac{Q_1}{W}=\frac{Q_1}{Q_1-Q_2} \tag{1.52}$$

显然，W愈小，COP值愈高，表明热泵的技术经济性愈高。

总之，热力学第一定律指出了热能（如高温与低温）之间及机械能与热能之间的等量性，但是，它们之间还存在着质的区别，即前者可以自发地、无条件地转化为后者，后者却不能无条件地转化为前者，热力学第二定律揭示了这种转化的条件。

第二章 蒸汽压缩式热泵

第一节 热泵的发展

热泵的理论基础起源于 19 世纪。1834 年，美国发明家 J. Perkins 获得了乙醇在封闭循环中通过膨胀制冷的英国专利；1856 年，苏格兰人 J. Harrison 发明了压缩式制冷机，采用 CO_2、SO_2、NH_3、CH_3Cl 作为制冷剂；1875 年，Cayte 和 Linde 用氨作制冷剂，大大减少了设备的体积，从此，蒸汽压缩式制冷机在制冷装置的生产和应用中占了统治地位。

1930 年，氟利昂制冷工质的出现，为制冷技术带来了新的变革，极大地推动了制冷装置的应用。

热泵与制冷装置不但在组件构造上相同，而且理论基础也相同，所以，伴随着制冷装置的发展，不断有人提出并制造出一些热泵机，作为用户供暖使用。但是，这一过程比较漫长，原因之一是热泵的费用与电热器相比高得多，而且热泵的某些关键构件的材料性能尚不稳定，导致热泵特别是以室外空气为热源的空气源热泵，直到 20 世纪 70～80 年代才稳定地出现在国际市场上。

1973 年，能源危机的出现，使人们认识到地球上蕴藏的矿物燃料是有限的，必须重视节约能源，开发可再生能源。在热泵生产制造领域，美国、日本、德国、法国、瑞典、丹麦等走在世界的前列。热泵的热源多样化、应用领域不断拓展、能源利用率不断提高、单机容量不断增大，使其不仅在民用建筑供暖、制冷方面，而且，在商业建筑、工业的干燥除湿、冷藏、低温冷冻及人工滑冰场等娱乐场所都有广泛的需求。热泵还以其冷热联供的功能回收废热，大大提高了能源的利用率。

第二节　蒸汽压缩式热泵

一、蒸汽压缩式热泵的原理及组件

迄今为止，蒸汽压缩式制冷和热泵是热泵与制冷领域中占主导地位的方式。它是利用某种制冷工质，又称制冷剂，依靠消耗一定的高品位电能推动压缩机，从低温热源吸热，向高温热源放热形成的，也就是遵循着热力学第二定律实现的。其中，吸热与放热是靠所用的制冷剂在低温下吸热后汽化和高温下放热冷凝液化的相变换热物理过程进行的。

前已述及，热泵与制冷机主要组成部件和工作原理是相同的，二者的区别在于工作的温度范围不同。热泵是从周围环境中吸收热量，并把它传递给比该温度高的被加热对象，如供暖、生产、生活用热水，实现供热目的，而制冷机则是从低于环境的物质中吸热，把它们放到环境中去，如建筑中的空调、冷库等，实现供冷的目的。因此，制冷机的效率$=\dfrac{\text{制冷量}}{\text{输入功率}}$，而热泵的效率或COP$=\dfrac{\text{有效制热量}}{\text{输入功率}}$。

由于热泵和制冷的共性以及在实际应用中二者往往共用一个机组，所以，本书在讲热泵时，常要讲到制冷机。

1. 蒸汽压缩式热泵的组成

蒸汽压缩式热泵的主要组成部件是压缩机、冷凝器、节流机构和蒸发器，通过管道将它们连接成一个密闭的系统。

2. 蒸汽压缩式热泵的工作过程

蒸汽压缩式热泵的循环过程如图 2.1 所示。

① 4→1 是制冷剂在蒸发器内以低于环境的温度与环境中的物质进行热交换，吸收该物质的热量并汽化，成为低压蒸汽；

② 1→2 是产生的低压蒸汽被压缩机吸入，经压缩后成为高压蒸气排出；

③ 2→3 是压缩机排出的高压气态制冷剂进入冷凝器，与被加热的物质进行热交换，放出热量，冷凝成高压液体；

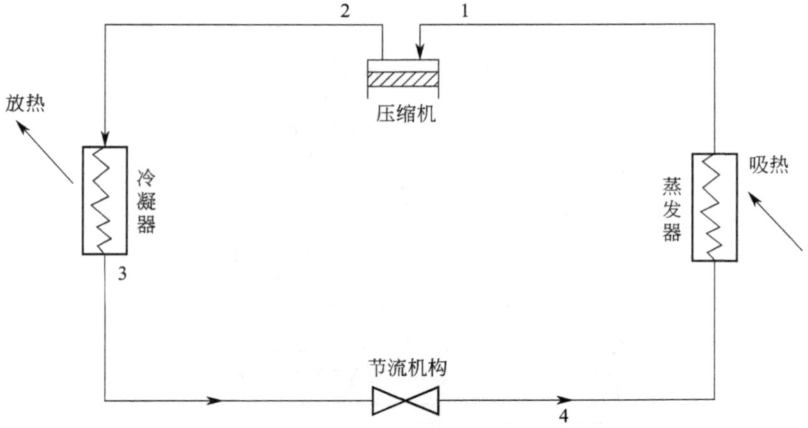

图 2.1　蒸汽压缩式热泵的循环

④ 3→4 是高压液体经节流装置（如毛细管或膨胀阀）压力下降为低温低压液体或气、液两相混合物，进入蒸发器，并回到过程①，如此不断产生从低温吸热到高温放热的热力循环过程。

上述循环过程能获得的最高效率是实现逆卡诺循环过程，也叫热泵的理想循环过程。它是由两个绝热过程，即对外界无热损失的热力过程——压缩过程和膨胀（降压）过程，和两个没有温差的热力过程，即等温热交换过程的蒸发吸热过程和冷凝放热过程组成。这种过程在实际中是不可能存在的。但之所以提出这种理想循环过程，是为了树立清晰的概念，并作为一切实际工作过程的标准，促使现实中的循环向它靠拢，找出改进方向，以求达到高效的目的。

二、理想循环过程在温熵图上的表示

在制冷机或热泵工作过程的分析中，通常用温熵（T-S）图表示制冷剂的热力状态变化，是十分有效的。图 2.2 是上述理想逆卡诺循环在温熵图上的表示。

下面简单介绍一下温熵图，如图 2.2 所示，纵坐标 T 是热力学温度。横坐标 S（熵）可以用两个含义说明它的物理意义，一是表示在等温过程中，系统热量的变化（增量或减量）；二是在系统绝热过程中，S 是不变的常数。

在 T-S 图上，左边的曲线为饱和液体在不同压力下的状态，右边的曲

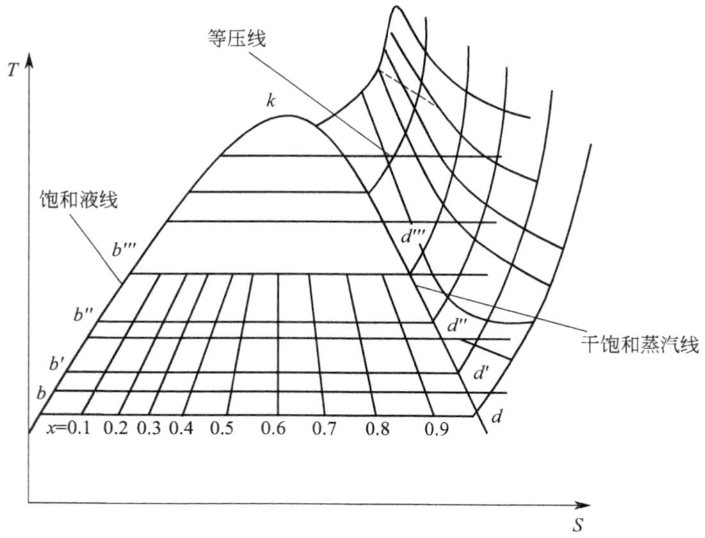

图 2.2 温熵图

线是干饱和蒸汽线，其上的各点也是表示在不同压力下的饱和蒸汽状态。两条线的上交点称临界点，即在该压力、温度下，液体直接化为气体，左、右两线之间的区域是湿蒸汽区，即气、液两相共存区，从左到右干度逐渐增大。右边曲线之外是过热蒸汽区，其上表示出过热蒸汽的等压线。

由于液体的汽化或蒸汽的液化过程是等压等温过程，所以，湿蒸汽区的等温线与等压线重合，并与横坐标轴平行。

在任意一个饱和压力与温度 T_b下，熵的增加值是：

$$\Delta S=\frac{\Delta Q}{T} \tag{2.1}$$

式中，ΔQ 为等温过程吸（放）热量，kJ/kg；T 为热力学温度，K。

可见，$T\Delta S$ 表示液体汽化过程或气体液化过程的吸热量或放热量。因此，利用 T-S 图的好处是，方便用过程线下面的面积表示过程中的吸热量和放热量。

在图 2.3 上表示了理想的蒸汽压缩式热力循环过程即逆卡诺循环的状态参数。

由图 2.3 可以看出，对于热泵而言，T_c是冷凝温度，是高温物体的温度；T_e是蒸发温度，即环境温度；而对制冷机而言，T_c是环境温度和

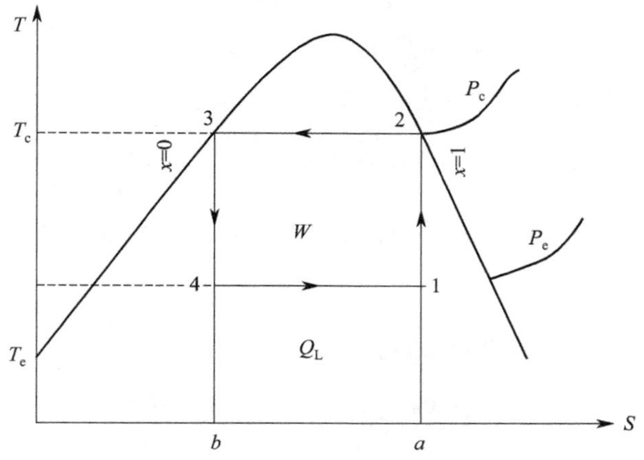

图 2.3 理想的蒸汽压缩式热力循环在 T-S 图上的表示

1→2 是制冷剂在压缩机中的绝热压缩过程；2→3 是在冷凝器中冷凝放热的等温过程；3→4 是在膨胀阀中的绝热降压降温过程；4→1 是在蒸发器中等温吸热蒸发过程

冷凝温度，T_e是低于环境的低温物体温度或蒸发温度。这是热泵与制冷机的根本区别。

由图 2.3 还可知，▱$a14b$ 是从低温物体吸收的热量 Q_L，S_{a23b}是向高温物体放出的热量 Q_c，根据热力学第一定律可知，$Q_c-Q_L=W$，W 是压缩机的输入功率减去膨胀功，即由▱1234 所表示的。所以，热泵的理想循环，即逆卡诺循环的效率，或称性能系数，应为：

$$\mathrm{COP}=\frac{Q_c}{W}=\frac{T_c\Delta S}{(T_c-T_e)\Delta S}=\frac{T_c}{T_c-T_e} \tag{2.2}$$

而制冷效率 $$\varepsilon_L=\frac{Q_L}{W}=\frac{T_e\Delta S}{(T_c-T_e)\Delta S}=\frac{T_e}{T_c-T_e} \tag{2.3}$$

由式(2.2) 可得 $$\mathrm{COP}=\frac{1}{1-T_e/T_c} \tag{2.4}$$

由上可知，由于 T_e/T_c 总是<1，所以热泵的效率永远>1，而且 T_e 与 T_c 越相近，效率越高。

在这里要说明的是，这一推论并不违反能量守恒定律，因为在 Q_L至 Q_c的能量转换中，加入的驱动功是与传递的热量品位不同的电能。

此外， $$\mathrm{COP}=\frac{Q_L+W}{W}=\frac{Q_L}{W}+1=\varepsilon_L+1 \tag{2.5}$$

则　　热泵的效率＝制冷效率＋1　　(2.6)

例如，一台热泵，供热的高温 $T_c=273+40=313$ (K)

所吸热的环境温度为－5℃，则 $T_e=273-5=268$ (K)

则以逆卡诺理想循环的热泵效率 $COP=\frac{313}{313-268}=\frac{313}{45}=6.95$。

如前所述，这些效率是理想值，是在同一工况条件下，任何实际产品性能不可能达到的。

三、理论循环与理想循环的差异

① 从理论上讲，逆卡诺理想循环由于下述原因，是难以实现的。

即在上述逆卡诺循环中，制冷剂与高温物体及低温物体的热交换过程都是有温差存在的，否则，热交换器的面积将是无限大。从技术经济综合考虑，对于空气源热泵蒸发过程的对数平均换热温差 ΔT_e 一般取 6～8K，冷凝过程的对数平均温差 ΔT_c 取 3～5K。所以，热力循环中的冷凝温度 $T_c'=T_c+\Delta T_c$，蒸发温度 $T_e'=T_e-\Delta T_e$，由式(2.4)可以推断出这种理论循环的制热效率必然小于理想的逆卡诺循环效率。

② 循环用膨胀阀或毛细管实现膨胀降压过程中存在内部的损失。在这个过程中，制冷剂由冷凝后的高温态，变为低压低温状态时与外界不是绝热的，而是当通过上述节流装置时，不断产生摩擦损失和涡流损失，这些能量损失都化为热量，使部分液态制冷剂汽化，因而在膨胀降压后变成气液两相流体，同时，熵值增加。如图 2.4 所示，由 3→4 过程变为 3→4′ 的过程，因而，使热泵在低温下的吸热量减少了 Q_L，即□$b'4'4b$ 所表示的。所以，实现膨胀过程会使供热效率和制冷效率下降。

③ 实际循环的压缩过程不是湿压缩也不是绝热压缩过程。首先进入压缩机的低压气态制冷剂不应当是湿蒸汽，否则是不安全的，因为：

a. 压缩机吸入湿蒸汽，低温的湿蒸汽与热的汽缸壁之间发生强烈的热交换，特别是落在汽缸壁上的液体，更是迅速汽化占据汽缸的有效空间，使压缩机吸入的制冷剂质量减少，从而使制冷量显著降低。

b. 过多的液珠进入压缩机汽缸，很难全部立即汽化，这时，既破坏了压缩机的润滑，又会造成液击，使压缩机遭到破坏。

因此，蒸汽压缩式制冷或热泵，要求进入压缩机的制冷剂必须是干饱

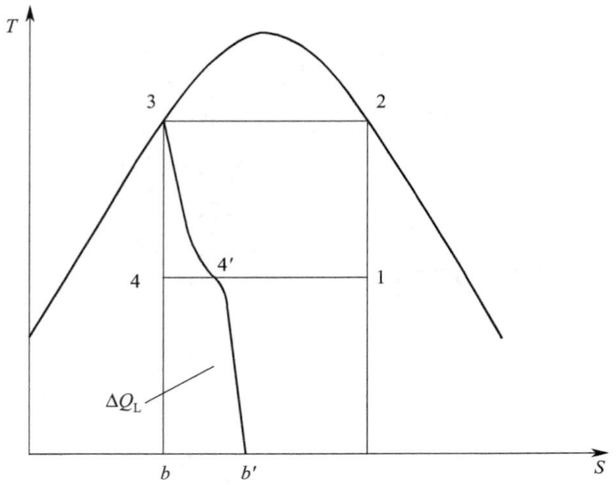

图 2.4 节流膨胀过程产生的能量损失

和蒸汽或过热蒸汽（过热度的限制将在后文讲述），这种压缩过程称为干压缩。而低压的干蒸汽进入压缩机后，由于被压缩时汽缸内产生的大量摩擦热加热了制冷剂，使之升温，部分通过汽缸壁向外散出，因而，在压缩机内的压缩过程不是绝热过程，而是熵增的多变过程。如图 2.5 所示：$1'\rightarrow2'$是多变压缩过程，$2'\rightarrow2$ 是过热蒸汽的降温过程。与逆卡诺循环的理想过程相比，压缩机多付出了压缩功率 ΔW，即 $1\rightarrow1'\rightarrow2'\rightarrow2$ 所示的熵增过程，也即产生了无效热损失过程。因此，压缩过程使热力循环的供热效率、制冷效率都比理想循环的要低，降低的数量因不同制冷剂的物性而不同，并随压缩过程的压缩比，即 P_c/P_e的增加而增加。

综上所述，实现热泵或制冷机的理论热力循环，所获得的制热效率或制冷效率必然低于逆卡诺理想循环的效率。

④ 改善蒸汽压缩热力循环的措施之一，是使膨胀阀前高温制冷剂液体过冷却，将冷凝器面积扩大，同时使冷却高温制冷剂的流体的流动方向与制冷剂在冷凝器中的流动方向相反，可以使冷凝液体的出口温度降至饱和温度以下，甚至接近冷却流体的进口温度，该温度与饱和温度之差，称为再冷却度或过冷度。因为它发生在节流装置之前，压力仍在冷凝压力之下，故又称过冷度。

该过程如图 2.6 所示，当饱和冷凝温度从 T_c降至 T_c'再节流到蒸发压力 P_e、温度 T_e时，可减少节流过程造成的制冷剂制冷量的损失，如图中

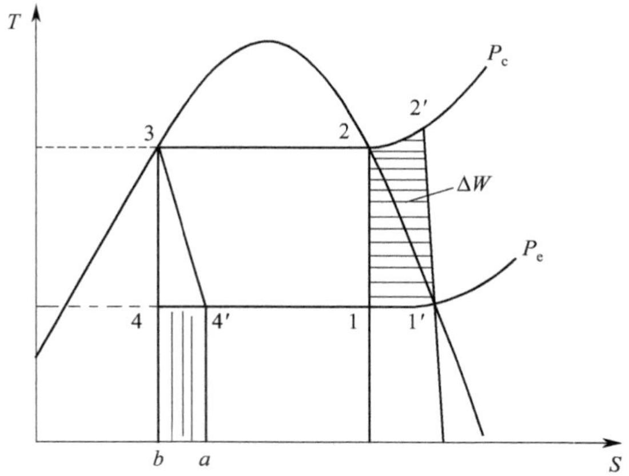

图 2.5 节流及压缩过程的热损失

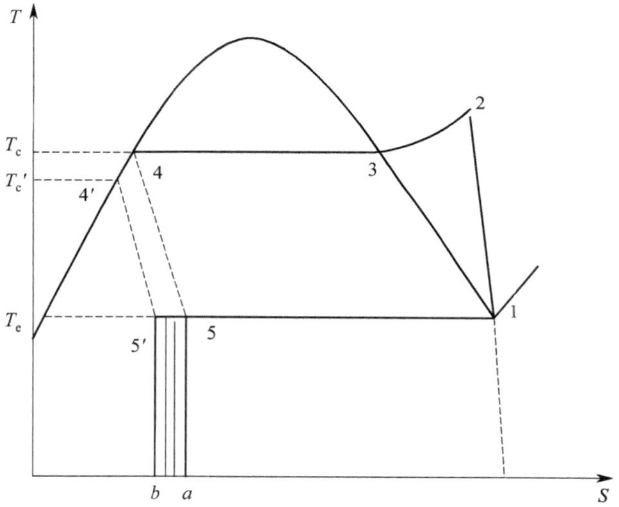

图 2.6 有过冷度的热力循环过程

□$a55'b$ 所示，并增加了获热体的获热量，但过冷度过大，则会不经济（一般取 5°左右）。

四、lg*p*-*i* 图

如前所述，利用 T-S 图上的面积可以形象地说明蒸汽压缩式理想循环与理论循环的效率，但是，对于机组的设计，必须用数量分析，如使用面积则不方便，因此，在下面讨论的设计计算问题前，需要介绍描述蒸汽热力循环的另一个工具 lg$p$-i 图。

在制冷机中制冷剂进行着一系列的状态变化，为了便于分析计算，除采用 T-S 图外，通常利用制冷剂的压焓图。所谓焓代表着以下两个物理量，①如同定温热力过程用 S 中描述的热量一样，焓差 Δi 表示定压过程的热量变化；②绝热过程的压缩功或膨胀功的数量等于焓差。所以，焓的数值便于用来计算热力循环过程的热量与功。如图 2.7 所示，为了缩小图形的尺寸又不影响读数的精确度，纵坐标的压力（p）是用不均匀的对数分格表示，横坐标焓（i）用均匀分格表示。所以也称为 lg$p$-i 图。

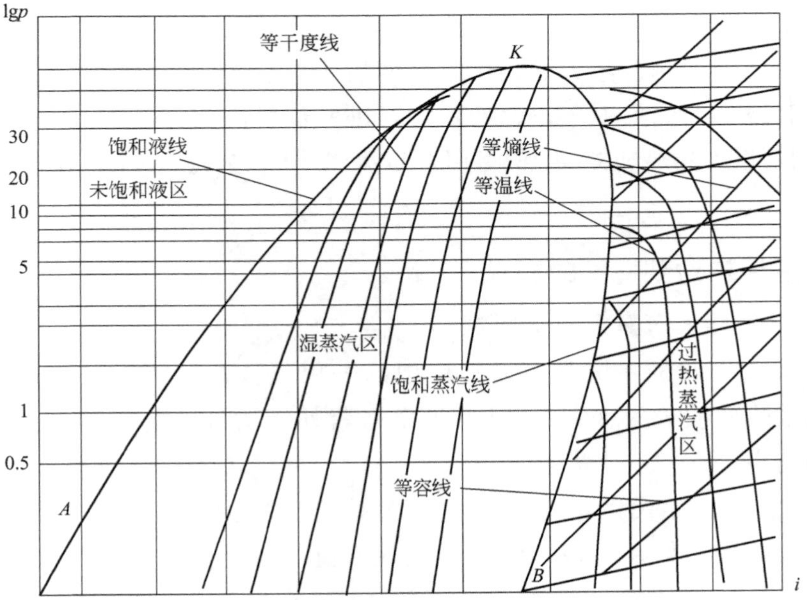

图 2.7　R22 制冷剂的 lg$p$-i 图

图 2.7 中 AK 线为饱和液线，BK 为干蒸汽线，两线之间是湿蒸汽区，AK 线左侧为未饱和液区（也叫作过冷区），BK 线右侧为过热蒸汽区。K 点为临界点，但制冷剂的 lg$p$-i 图高压部分多被裁去（因为一般用不到这部分），所以，在实际使用的图上看不到 K 点。

lg$p$-i 图由六组等量线组成，它们是平行于横坐标的等压线、平行于纵坐标的等焓线以及等温线、等熵线、等容线、湿蒸汽的等干度线。其中值得注意的是等温线，在过冷区液体的焓值有：

$$i=i_0+c_p t \tag{2.7}$$

式中　i_0——0℃液体的焓值；

c_p——在 0～t℃范围内液体的比热容。

因为 c_p 基本为定值，所以，液体的焓值与其温度成正比，因此等焓线就是等温线。在湿蒸汽区，等温线与等压线重合，与横坐标轴线平行。而在过热蒸汽区，与过冷区差不多，等温线是自上向下递减并逐渐趋向与纵坐标轴平行的一条条曲线。

第三节　制　冷　剂

制冷剂是在热泵热力循环中工作的物质，前文已经分析过蒸汽压缩式热泵和制冷机的热力循环过程的效率，进一步要讨论为了获得较高的循环效率，并使这种热机能正常使用，以及长期安全地运行需要怎样的制冷剂。

一、环境保护对制冷剂的要求

1. 对破坏大气臭氧层的限制

臭氧（O_3）是在地球上大气层中的一层气体，它能吸收任何其他气体不能吸收的波长为 300nm 以下的太阳紫外辐射波，防止其过强而对人体产生伤害。

20 世纪 90 年代，相继有英、美等科学家发现并证明大气臭氧层中臭氧总量在减少，如在南极、北极上空观察到“季节性的空洞”。并且，逐渐发现了其被消耗的来源是 Cl^-，而它主要来自地球上生产使用的含 Cl 的氟里昂 CFCs，该类物质被称为消耗臭氧层物质（ozone depleting substances），并以 CFC11 的耗臭氧能力，即称臭氧耗损潜值（ozone depletion petential）为 1.0 作为基准制定其他 ODS 物质与它的比较值，确定对大气臭氧层破坏能力的大小。

1987 年在加拿大蒙特利尔召开国际会议，签署了“关于消耗臭氧层物质的蒙特利尔协定书”成为国际会议保护环境的联合行动的开端。此后，经多次国际会议修订，决定对含氯、氟、烃的氟利昂，即 CFC11、CFC12、CFC113、CFC114、CFC115，及含有这些物质的混合物，如 R500、R502 制定了禁用时间表，其中 R12（二氟二氯甲烷）、即 CF_2Cl_2

的热物性是很好的，在制冷史上起过很大的作用，值得参照它寻求替代物。

我国于21世纪初执行了国际协定，停止了生产、销售、保存CFCs，对比R12，R22即CHF_2Cl中是以一个H原子置换了一个Cl原子，所以，其ODP值比R12小，发达国家对禁用R22比较积极，如欧洲、日本，我国尚未签订2020年前禁用R22的协议。

2. 对造成地球上气候变暖——“温室效应”的限制

由于人类的活动，如大量燃烧化石燃料和化合物的排放，如水蒸气、二氧化碳、大部分制冷剂和其他一些气体，都被称为温室气体，它们在地球、大气、太阳辐射的相互作用中（吸收反射辐射），形成了上述的温室效应，其总效应是造成近地球层的大气温度缓慢升高，使地球变暖。类似于温室中的空气被加热，而造成温室效应的潜在能量称GWP。

1997年，在日本东京的国际会议签署了“京都议定书”，确认了温室气体排放对全球气候的影响。明确CO_2、甲烷、CH_4、N_2O、SF_6、全氟烃类PFCs、氯氟烃类CFCs、含氢氯氟烃HCFCs和氢氟烃类HFCs等温室气体的范围，并要求发达国家加快减排的实施计划。

我国在2002年，在南非约翰内斯堡的持续发展首脑会议上宣布，中国政府核准“京都议定书”。所以，对使用制冷剂产生的GWP影响也要注意，国际上对造成温室效应的评价方法不止一种，其中之一是以CO_2为基准值，其他气体以和其相对的比较值论。表2.1列出了一些制冷剂的ODP值和GWP值。

表2.1 一些制冷剂的ODP值和GWP值

工质代号	分子式	大气寿命/年	ODP	GWP
R12	CCl_2F_2	100	0.82	10600
R22	$CHClF_2$	11.9	0.034	1700
R134a	CH_2FCF_3	13.8	0.0	1300
R134		10.6	0.0	1000
R407c	R22、R125、R134a(30∶10∶60)		0.0	1700
R410a	R22、R125(50∶50)		0.033	1500
RCO_2			0	0

二、热力循环效率对制冷剂的要求

从前文所述，在 T-S 图上对热泵热力循环效率的分析可以看出，提高循环效率对制冷剂的热物性有以下要求：

① 蒸发压力在常用的低温下不要太低，以至接近大气压，否则，会使空气进入系统，不仅影响蒸发器的传热效果，而且影响压缩机的耗功量。所以，要求大气压力下制冷剂的沸点低。

② 在常用的冷凝温度下，冷凝压力不要太高，否则，要增加系统特别是压缩机的承压能力。

如背离①、②两点，会使压缩过程的压缩比加大，而加大压缩比会使压缩机的耗功量加大和压缩机的有效容积减小，排气温度升高。

③ 制冷剂的临界温度要比常用冷凝温度高得多，并且其液体的比热容要小，这样，如在 T-S 图上分析的节流过程的热损失就小。

④ 在通常的蒸发温度和冷凝温度下，制冷剂的潜热要大，以使单位工质的制冷、制热能力大。

⑤ 饱和气体的比容要小，以减少压缩机吸入气体的体积。

⑥ 有较高的热导率和较低的黏度，使在冷凝器和蒸发器中有良好的传热效果。

⑦ 制冷剂与润滑剂的互容性与相融性。在热泵或制冷机中，由于压缩过程必须有润滑油，所以，制冷剂必然要与润滑油接触。因此，首先应针对不同的制冷剂，选择与其相融的润滑油。氟利昂类工质与矿物油可以相融，但环保类替代工质如 R134a，则必须用脂类油（POE）。

制冷剂与润滑油的相互溶解性也是值得注意的，一般分为有限溶于润滑油的、无限溶于润滑油的和不能溶的三类。R134a 和脂类润滑油属于不溶型的，对于这种情况，必须在压缩机出口设油、气分离器，将制冷剂中的油分离出来，返回压缩机。而对于可溶性的制冷剂携带润滑油进入热泵系统中是必然的，但希望油不要聚集在局部，而要返回压缩机继续起润滑作用。当然，油与制冷剂的混合物在冷凝器和蒸发器中会影响冷凝和蒸发效果，特别是在低温低压的蒸发器中，润滑油的溶解度会减小，甚至形成油膜。

⑧ 制冷剂中不允许有水。水在制冷剂中的溶解度并不大，但是，

一旦有水分与制冷剂并存，遇到低于 0℃以下的工况时，就会形成"冰堵"，必须在热泵装置的节流阀前设置干燥过滤器，对于氟利昂类制冷剂可用"硅胶"为干燥剂，对于 R134a 等替代工质，则必须使用分子筛。

三、对制冷剂的其他物理、化学性质的要求

① 制冷剂对金属材料和非金属橡胶类的垫层应无腐蚀作用，在这方面氨是要特别注意的。由于氨（NH_3）极易吸水，系统中不能使用黄铜、纯铜等材料。

② 制冷剂应无毒，泄漏时无爆炸性，对电器有绝缘性。

四、常用制冷剂及替代物

依照环境保护对制冷剂的要求，在国际上逐年产生出许多新的制冷工质，但按照其各自的热工及物理化学性质进行筛选，仅有几种归为近期可替代类。在空调（含热泵）领域，有纯工质 R134a，混合工质 R407a、R407c，以及正在开发中的 CO_2 等。R22 虽属含氯的氢氟烃类，但因其 ODP 不高，物性好，已广泛使用，所以，我国尚未宣布它的禁用计划，对上述制冷剂的特性，在下面予以介绍。

① R12 是历史上曾经被重用过的制冷剂，但由于环保性能差已被淘汰，R22 与之相比优点是在常用的冷凝压力下比潜热比 R12 要大、能制取的最低蒸发温度比 R12 要低，但压缩终了的排气温度比 R12 要高。

R22 基本上溶于水，但对其含水量要加以限制，在节流装置之前要设干燥过滤器。R22 与矿物油相融，能部分溶解矿物油，但在低温低压下的溶解度下降，为防止油在蒸发器及管道中分离出来积存在设备中，应设计通向压缩机的回油部件。

② R134a（四氟乙烷，CH_2FCF_3）是纯工质，目前作为我国在汽车空调内广泛使用的 R12 的替代制冷剂，近年来也被离心式制冷机使用。它的最大特点是与 R22 相比在相同的冷凝温度下，压力下降 35%，或者换句话说，在相同的冷凝压力下，冷凝温度可以提高，这对热泵是很有利的。但是，在低温下，R134a 蒸发压力比较低。

表 2.2 和表 2.3 列出了 R22 与 R134a 的物性比较。

表 2.2 R22 与 R134a 主要物性比较

24℃时的物性	绝对压力/MPa	比容/(L/kg)		比焓/(kJ/kg)		比潜热/(kJ/kg)	黏度/(μPa·s)	
		V'	V''	i'	i''		液体	气体
R22	1.0135	0.835	23.29	229.26	412.15	162.89	167.7	12.63
R134a	0.6269	0.8244	32.9742	80.613	261.06	180.447	215.4	12.14

表 2.3 R22 与 R134a 在空调工况下的性能指标（冷凝温度 50℃，蒸发温度 0℃）

项目	R22	R134a	R134a/R22
冷凝压力/MPa	1.9427	1.3175	67.8%
蒸发压力/MPa	0.489	0.2928	
压差/MPa	1.4537	1.0247	70.5%
压强比	3.97	4.50	
排气温度/℃	102	68	66.7%

表 2.2 说明，虽然 R134a 与 R22 相比，比潜热相差不多，但其气体比容大，则单位容积制冷量小，致使压缩机体积大，制冷剂流量增大，耗功大。从表 2.3 可以看出，在相同的冷凝温度下，前者的压力比后者低 30%左右，排气温度下降 66.7%。因而，作为热泵的工质在相同的环境温度下，可以获得较高的出水温度。

R134a 与矿物油不相融，在其压缩过程中必须使用脂类油（POE），并且由于它不溶于脂类油，所以在压缩机出口必须安装油分离器。此外，如前文所述，对混入 R134a 制冷剂中的水分必须用盛有分子筛的干燥过滤器加以去除。

总之，替代物 R134a 有突出的优点，但缺点也不少，使用它无疑可以保护大气环境，但其缺点是会使生产与运营成本增加，对普遍在空调领域推广有难度。

③ 非共沸混合物 R407c。这是一种三元素混合物制冷剂，其成分是 R23、R125 和 R134a 以 30∶10∶60 组成，在取各成分的优点后，其性质尤其是环保性质有所改善。但其他性质只是接近 R22，或有所欠缺，如 R407c 的沸点虽与 R22 相近，但蒸发温度如在空调工况 7.2℃下，其单位容积制冷量比 R22 要低，在更低的蒸发温度下，如＜－30℃，则单位容积制冷量比 R22 要低 20%左右。因此，在较低蒸发温度下使用时，如果利用了原 R22 工质的压缩机，注入了 R407c 制冷剂，则会使制冷、制热

量不足。这一点值得特别注意。

这里需要再说明的是，由于R407c是三种组分的混合物，其定压吸热蒸发过程中各组分到达饱和温度及完全蒸发的温度有所不同，这个温度区间叫“温度滑移”，这是非共沸制冷剂的共同特点。所以，这种工质在向大气泄漏后，成分会略有改变。R407c的这种温差为43.4－36.1＝7.3（℃），所以，在蒸发器的设计中应使该工质与被吸热物质呈逆向流动。

此外，R407c也不能与矿物油相融，应配置脂类油，并设油气分离器。表2.4中列出了非共沸制冷剂R407a、R407c和R410a的特性。

表2.4　非共沸制冷剂R407a、R407c和R410a的特性

代号	组分	组成	泡点温度/℃	露点温度/℃	ODP	GWP[GWP(CO_2)＝1]	主要应用
R407a	R32、R125、R134a	20：40：40	－45.8	－39.2	0	1960	替代R502
R407c	R32、R125、R134a	30：10：60	－43.4	－36.1	0	1600	替代R22
R410a	R32、R125	50：50	－52.5	－52.3	0	2020	替代R22

④ 二氧化碳（CO_2）是一种资源丰富的自然制冷剂。早在19世纪，CO_2就被用于制冰。20世纪，氟利昂制冷剂的出现，使CO_2被逐步地替代了。21世纪，由于环境保护的需要，CO_2的使用又受到了重视，CO_2的ODP＝0，GWP＝1，是其独特的优点，而又具有无毒、无嗅、无燃烧爆炸危险的化学稳定性，并且制造成本低。CO_2的相变潜热大，单位容积制冷量、制热量、传热性能和流动性能也好。但是，它的压力很高，制冷、制热效率也较低。

在重新启用这种制冷剂于空调等领域时，要增加投入与成本，目前，国内已有部分产品走向市场。

第四节　压　缩　机

在建筑空调领域使用的压缩机可分为容积型和速度型两大类，后者指离心式冷水机，它的容量范围在100～2000kW，容积型压缩机顾名思义，是将吸入一定容积内的制冷剂气体的体积由大变小，从而由低压低温变成高压高温排出。其中，热泵常用的是中小型全封闭式压缩机，其容量范围是2.3～30kW。30～1600kW范围的是螺杆机。

一、全封闭式压缩机

这种压缩机的特点是，电动机和压缩机都封闭在壳体内，体积小、密封性好，它的进气口多数装在上部，使低压气冲刷并冷却电动机，缺点是不易维修，这类压缩机有旋转式、涡旋式等。

1. 旋转式压缩机

旋转式压缩机，输入功率 1～2hp（1hp＝735.5W），用于小型空调器，主要制造商有日本日立、东芝、大金及欧洲泰康，这些厂家可以提供新型替代制冷剂的压缩机。图 2.8 为旋转式压缩机的结构。

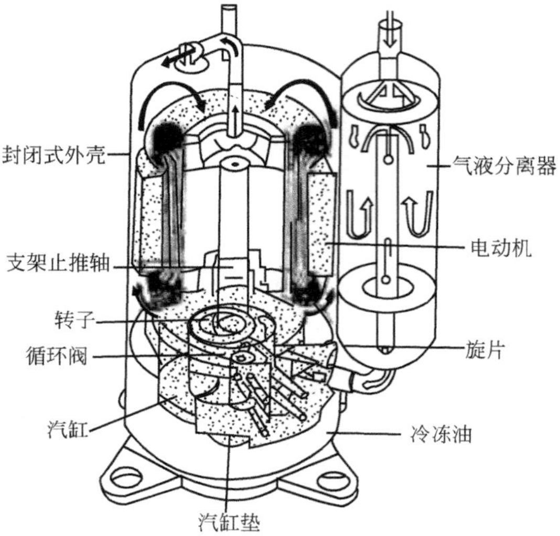

图 2.8　旋转式压缩机

2. 涡旋式压缩机

涡旋式压缩机，多数功率在 3～5hp，功率达单机 20kW，采用的工质除 R22 外，还有 R134a、R407c 等。

这类压缩机的原理比旋转式先进，如图 2.9 所示，它的气体压缩过程是由上、下两个具有涡旋的偏心盘之间的挤压运动实现的。

当制冷气体从静盘外侧口进入动、静盘之间的腔后，由于动盘围绕静盘做摆线运动，将其容积挤压缩小至静盘中心，沿中心部位的排气口排出。

由此可见，涡旋式压缩机的压缩过程的吸气、压缩、排气是在一次回

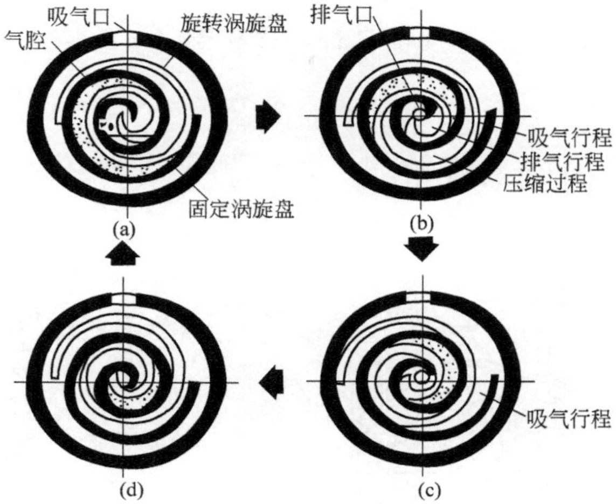

图 2.9　涡旋式压缩机工作原理

转时完成的。其摩擦小、泄漏少，无吸气阀、排气阀而使流动阻力损失小，因而，与往复运动的活塞压缩机比，效率约高 10%，应用前景比较好。

全封闭式涡旋式压缩机是一种新型的、高效压缩机，其结构独特，运行宁静，与全封闭旋转式和全封闭式往复式相比较，其零部件很少，震动极微，噪声很小。用这种压缩机的分体式空调器，其室外机组的噪声只有 53dB(A)。涡旋式压缩机的内部构造见图 2.10。

涡旋式压缩机的工作原理如下：在涡旋压缩机中有两个涡旋件，一个是固定的，一个是可动的。利用两个涡旋件的相对旋转（曲线是渐开线），使密封空间产生移动气体及压力变化，完成对制冷剂气体的压缩。

二、小型压缩机的功率和效率

讨论压缩机的功率和效率，直接关系到热泵的供热效率，也就是节能效果，有如下几方面。

① 压缩机的指示功率和指示效率。压缩机的理论耗功率就是如 T-S 图上所示的理论循环绝热压缩中的面积，而指示效率就是理论耗功与实际耗功量之比，即

$$\eta_i=\frac{W_0}{W_s} \tag{2.8}$$

式中　η_i——压缩机的指示效率；

W_0——压缩机绝热压缩的耗功率（单位质量流量）；

W_s——压缩机的实际压缩过程的耗功率（单位质量流量）。

于是，指示功

$$N_i = q_0 W_s \tag{2.9}$$

式中　q_0——压缩机质量流量。

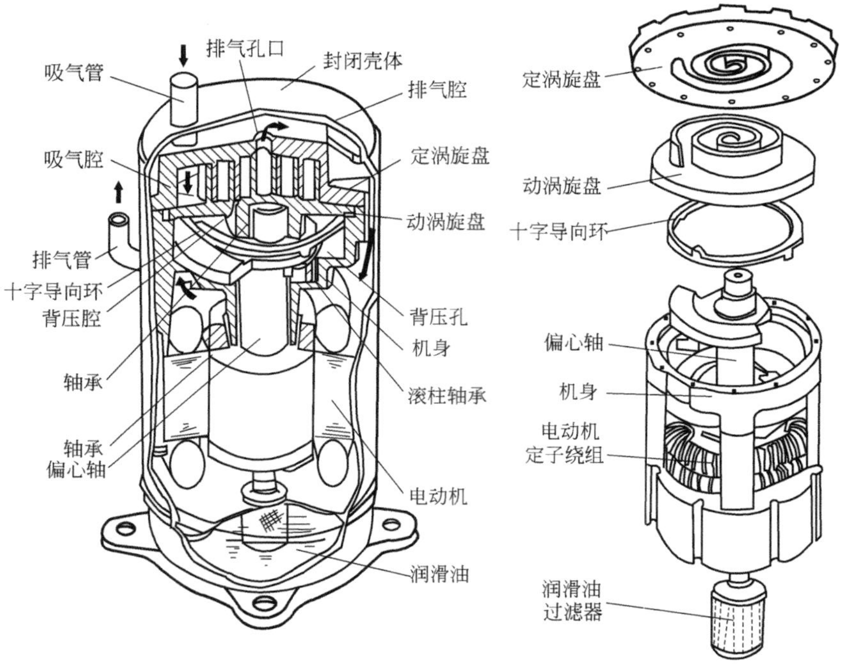

图 2.10　涡旋式压缩机内部构造

压缩机的指示效率在 0.6～0.8 范围内，其值大小首先取决于制冷剂的物性，如多变压缩过程的多变指数 m，$m \neq k$，k 是绝热压缩指数，$k = c_p/c_v$，c_p、c_v 分别是制冷剂的定压比热容和定容比热容（可由物性表查出）。其次，取决于压缩比，因为压缩过程之所以是多变过程，是由于在压缩机内的制冷剂边被压缩边接受来自汽缸的摩擦热，因而，比容是不断变化的。所以，η_i 与压缩比密切相关，最后 η_i 还与电动机的转速相关，转速越高，η_i 越小。η_i 常根据厂家提供的或同类型产品给出的值选取，进行计算时用。

② 压缩机的机械效率。压缩机的机械效率是压缩机的指示功率与轴

功率之比，即

$$\eta_m=\frac{N_i}{N_i+N_m} \tag{2.10}$$

式中 η_m——压缩机的摩擦功率；

N_i+N_m——压缩机的轴功率。

体现压缩机的机械效率的 η_m 主要与压缩机的摩擦阻力有关，它取决于压缩机的结构、制造精度、转速和润滑情况。

活塞式压缩机的机械效率 η_m 一般在 0.8～0.9，涡旋式压缩机的 η_m 则要高 10%。

$\eta_i\eta_m$ 称为压缩机的轴效率，记为 η_a。η_a 随压缩机构造种类而不同，随压缩比的升高而降低。所以，从效率的角度出发，首先要先确定压缩机的压缩比和工况。

图 2.11 所示为典型 R22 压缩机的制热能力和轴功率特性。

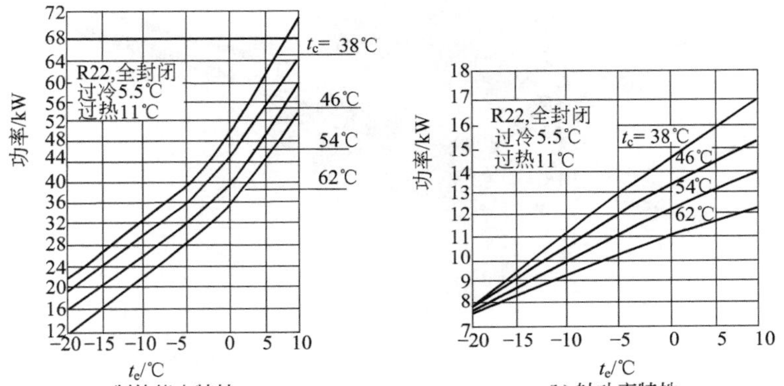

(a) 制热能力特性　(b) 轴功率特性

图 2.11 典型 R22 压缩机的制热能力和轴功率特性

由图 2.11 可见，当 t_c=38℃，t_e 从+5℃下降至−15℃时，轴功率从 15.8kW 下降至 9.8kW，相当于每降 1℃下降 0.3kW，平均下降 2.3%。

③ 传动效率：对于直接连接的电动机，其传动效率 η_d=1.0，三角皮带传动的 η_d=0.9～0.95。

④ 电动机效率 η_{el}：单相电动机比三相电动机的要低，小型电动机效率一般为 0.8，较大型电动机的效率 η_{el}可达 0.92。

综上所述，压缩机组总效率 $\eta_t=\eta_i\eta_m\eta_{el}$，一般约为 0.5～0.66，这意味着压缩机的理论耗功率仅为实际耗功率的一半左右。或者换句话说，热泵压缩机的实际耗功率仅有 50%～60%做了有效的贡献，其余都是损失。

三、螺杆式压缩机

1. 螺杆式压缩机结构简介及工作原理

螺杆式压缩机从 20 世纪 50 年代才用到制冷系统，后由于它有许多不可否认的优点，所以发展很快。目前，它的容量范围在 30～2500kW。

如图 2.12 所示，双螺杆式压缩机有两根水平轴。主要部件有：阳转

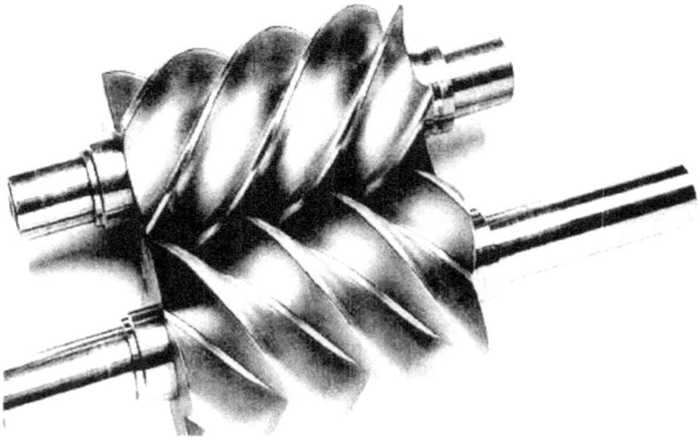

(a) 实物图

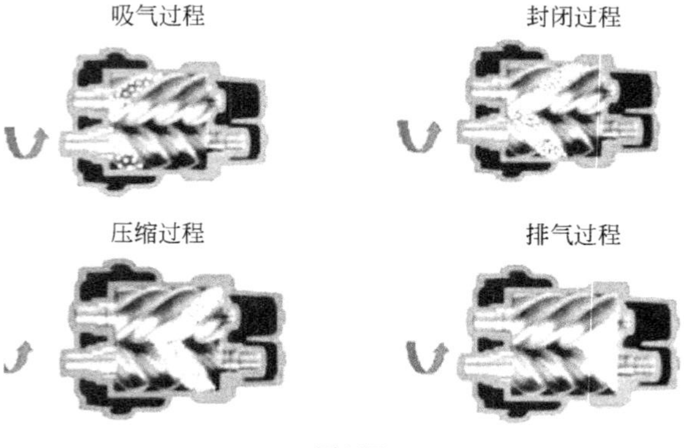

(b) 原理图

图 2.12　双螺杆式压缩机

子、阴转子、机壳、轴承、轴封、平衡活塞及能量调节装置。阴、阳转子的轴是水平方向的，阳转子上有四个凸形齿，它带动六个凹形齿的阴转子，互相啮合反向回转，安装在机壳内。机壳的两端设有对角线布置的上吸气口和下排气口，端部有端盖，在轴杆的互相啮合并回转过程中，在螺杆与机壳内壁之间形成了不断变化着的气体容积，该容积称为"基元容积"。它们不断从前方的吸气口进入，又不断被回转的螺杆挤压，容积由大变小，位置由前向后，最后从排气口压出去。过程连续不断地使源源不断的气体被加压，完成压缩过程。

2. 螺杆式压缩机的特点

① 结构简单，没有如气阀等易损件，使用可靠，维修简单。

② 对进湿蒸汽不敏感，可以采用喷油冷却，在相同的压缩比下排气温度比较低，所以，它允许的压缩比高。

③ 没有余隙容积，因而容积效率高。

④ 突出的是采用了滑阀调节机构，可以实现能量无极调节。

⑤ 缺点是噪声大，需采用消音措施，机械加工精度要求高。

3. 螺杆式压缩机的应用

螺杆式压缩机已广泛应用于商用楼房的冷暖中央空调，在标准工况下其制冷量范围为10～2500kW，故也可用于住宅。它的单级压缩的压缩比可以提高到6.0以上，蒸发温度可达－25℃，并且容易实现能量无极调节，所以，有很好的应用前景（但目前小型产品尚未上市）。

第五节　适应低温气候的空气源热泵

一、空气源热泵低温适应性的进展概述

表2.5中列出我国北方地区一些代表性城市的采暖气象资料。

表2.5　我国北方地区有代表性城市的采暖气象相关参数

城市	纬度/(°)	海拔/m	采暖设计室外温度/℃	空调设计室外温度/℃
北京密云	39.8	76	－8.9	－11.7
北京延庆	40.9	536	－11.7	－14.3

续表

城市	纬度/(°)	海拔/m	采暖设计室外温度/℃	空调设计室外温度/℃
大连	38.9	91.5	−9.5	−12.9
太原	37.78	778.3	−9.9	−12.7
大同	40.1	1067.2	−16.3	−19.1
银川	38.48	1111.4	−12.9	−17.1
营口	40.67	3.3	−14.1	−17.4
唐山乐亭	39.43	10.5	−9.9	−12.4
丹东	40.05	13.8	−12.7	−15.9

表 2.5 中所列城市海拔较高，采暖季最低气温会低于−15℃，因而，蒸发温度会低于−23℃，使用一级蒸汽压缩式热泵进行供暖会不可靠，而这些地区的采暖期比较长，使用热泵为热源，经济性与节能减排性都比较好。所以，近年来适用于这种低温气候的热泵机组有较快的发展。

柴沁虎于 2002 年《能源工程》上发表的“空气源热泵低温适应性研究状况及进展”一文中，较全面地分析了该文章发表前的有关技术方案，具体如下：

① 在气温低到一定程度时，使用电辅助加热，这种方法已沿用到现在。

② 日本一些专家提出用燃油或燃气作辅助热源，这种方法有些不安全、不合理，没有普遍推向市场。

③ 压缩交流变频或直流变速技术已普遍用于空调，但在低温下，过分提高压缩机的转速，会使噪声加大，否则，要在制造上加大投入。

二、带经济器的准二级压缩机

1. 螺杆式

20 世纪 80 年代，Zhong Jianyi 和 Sven Jensson 提出了在原本对压缩比要求不严、且带有 75％以内负荷调节能力的双螺杆压缩机热泵系统上加装“经济器”的技术方案。图 2.13 所示为带有热交换器的经济器的准二级压缩螺杆机系统。

所谓的经济器就是在冷凝器后提取一部分高温冷凝液，经节流后的气液混合物在热交换器中与主流制冷剂经冷凝器后的高温冷凝液进行热交

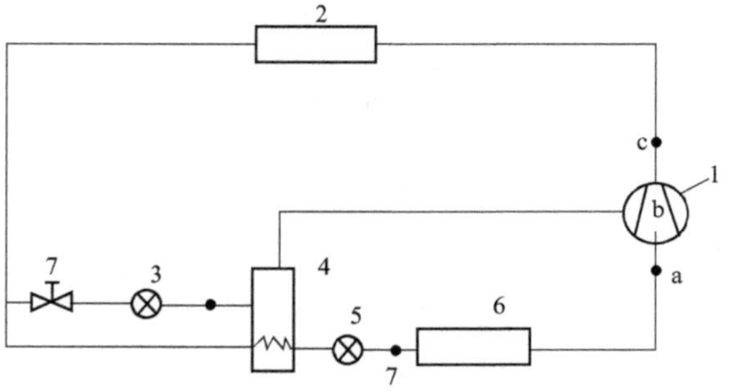

图 2.13　带有热交换器的经济器的准二级压缩螺杆机系统

1—压缩机（a、b、c 分别为低压、中压、高压）；2—冷凝器；

3，5—节流阀；4—经济器；6—蒸发器；7—电磁阀

换，后者过冷，前者吸热变为中压气体进入压缩机的中间吸入口（称中压），经济器就是这个热交换器系统。过冷后的冷凝液，经过再次节流降压，经蒸发器吸热后，进入压缩机低压入口，所以，设置经济器既补充了压缩机的质量流率，缓解了排气过热，又合理地利用了热量，减少了热损失。研究者称这种系统可以使蒸发温度降到－40℃，提高制冷量 19％～44％，提高 COP 7％～30％。

2. 涡旋式

20 世纪末至 21 世纪初，马国远等人成功地在小型涡旋压缩机上开启了辅助进气口，实现了带经济器的涡旋压缩机的准二级压缩系统。

几乎同期 Nobukatsu Arai 提出在压缩过程的中间压力处，设一压力箱将一次节流后的气液混合物通入其中扩容，使气液分离；将气体引入压缩机中压段叫“闪蒸器”，其作用和效果与上述类似（日本公司在 2010 年左右推出小型压缩机的热泵产品中公布了这种空气源热泵的压缩系统），示于图 2.14 中。

图 2.13、图 2.14 所示的系统相同点是，都是通过经济器从压缩机的中间入口补气，弥补由于环境温度过低造成制冷剂压力过低、比容过大、进气不足产生的问题，其不同点是图 2.14 中是用闪蒸器（即降压扩容器），而图 2.13 实现补气的是通过热交换器。总之，它们都被称为补气增焓的准二级压缩，后者对小型压缩机的贡献较大。

3. 喷液技术

该技术可用于螺杆或涡旋式压缩机，它是将冷凝器后部分制冷液直接

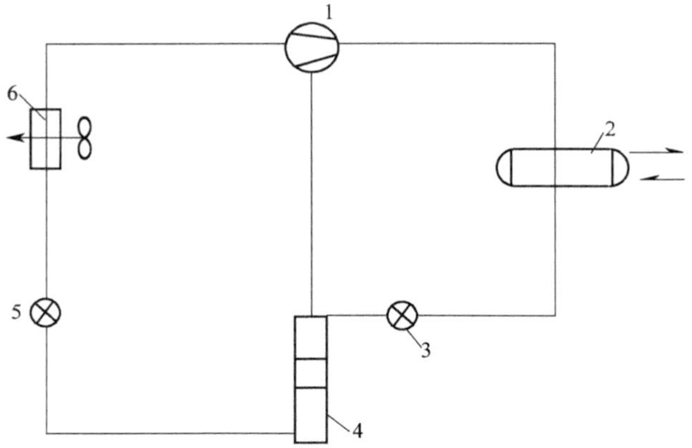

图 2.14　两次节流带有闪蒸经济器的准二级压缩机系统

1—带辅助补气口的螺杆压缩机；2—冷凝器；3——次节流；

4—经济器；5—二次节流；6—蒸发器

喷入涡旋机的涡盘。2012 年 Danfoss 公司推出了无经济器的喷液型低温适应型机组（380V、50Hz），见图 2.15。

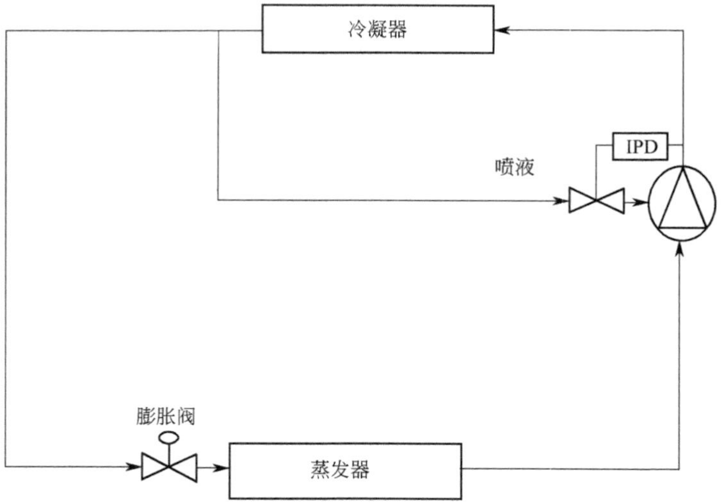

图 2.15　喷液型低温适应型蒸汽压缩机

以 R410a 为制冷剂，制热能力在 19～39kW，并可 2～3 台并联，其温度适应范围为蒸发温度（t_e）可低至－25℃，冷凝温度（t_c）可高达

65℃。该产品进行了喷液参数的优化配置，性能见图 2.16。

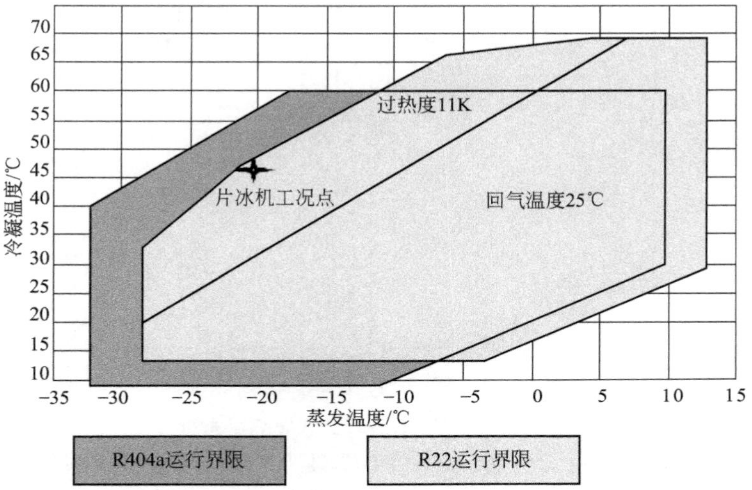

图 2.16　Danfoss 公司生产的补气增焓压缩机性能特性

（片冰机是制冷机的一种）

三、双级压缩的空气源热泵

图 2.17 表示的是双级压缩热泵的一种形式。由图 2.17 可见，它是由低压压缩机和高压压缩机两级串联组成的，在仅有的一个冷凝器与一个蒸发器之间，有一个被称为中间冷却器的热交换器，它具有介于低压和高压之间的压力，其中，有两种状态的制冷剂进行热交换，即一部分是由高压冷凝液经节流降压（降温）的流体 A；另一部分是来自高压冷凝液的在中间冷却器中经盘管放热后再进行节流的液体，前者吸收后者的热量而汽化，与低压压缩机出口的气体混合为中压，进入高压压缩机入口，完成高压压缩机循环，经盘管过冷后的那一部分高压液体，出中间冷却器后经节流 B，在蒸发器中吸热汽化，回低压压缩机入口，完成低压压缩循环。将图 2.15 与图 2.17 对比，在所谓补气增焓的蒸汽压缩系统中的经济器，与双级压缩蒸汽循环的系统中的中间冷却器没有本质区别，两种系统的区别仅在于，前者是用一个压缩机完成由低压至高压的压缩过程，而后者是用了两台压缩机完成的。

2004 年，清华大学田长青、石文星博士等进一步探讨了双级涡旋压缩机与变频技术结合的空气源热泵系统，得出在冷凝温度 50℃，蒸发温

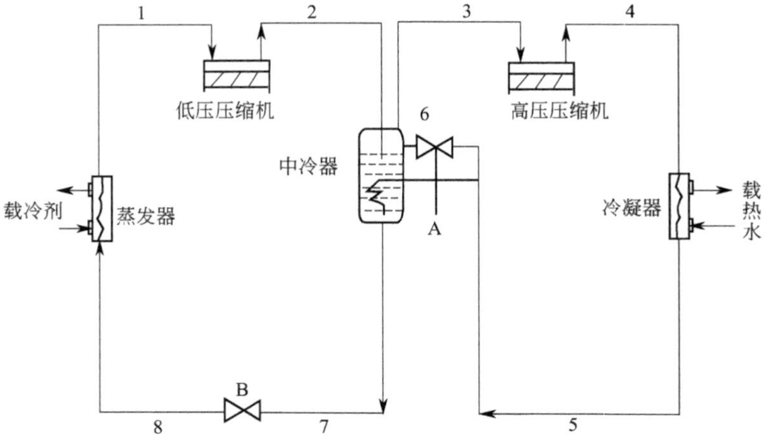

图 2.17　双级压缩的空气源热泵系统

1→2 低压压缩机；2→3 低压压缩机出口的气体与中间冷却器出口气体的混合；
3→4 高压压缩机；4→5 冷凝器；5→6 高压侧节流器；6→7 中间冷却器（热交换器）；
7→8 低压侧节流器；8→1 低压蒸发器；A—高压冷凝液经节流降压后的流体；
B—中间冷凝器后经低压节流的流体

度－25℃的工况下，系统的 COP 高于 2.0，且排气温度低于 120℃的结论。

四、双级耦合的热泵

2000 年马最良提出将空气源热泵作为低温环境下的热水机组，向一个中间的蓄水箱提供 10～20℃的热水，作为一个二级水/空气或水/水压缩式热泵的低温热源，供出 50℃热水的双极耦合式热泵进行供暖或生活热水，其系统见图 2.18。

该系统在 2009～2011 年三个冬季由清华大学李元哲等在清华阳光设备有限公司的办公楼内应用于太阳能热水地板夜间供暖的辅助热源，效果很好。该系统运行稳定，效率高，在室外气温平均－10℃，供水温度 50℃的条件下，COP 为 1.99。该系统设备与控制都相对简单，用户容易操作，安全可靠性高，但设备占地较大。

五、谷轮低温空气源热泵压缩机

2014 年，美国谷轮压缩机总部公布了它突破－25℃低温的补气增焓

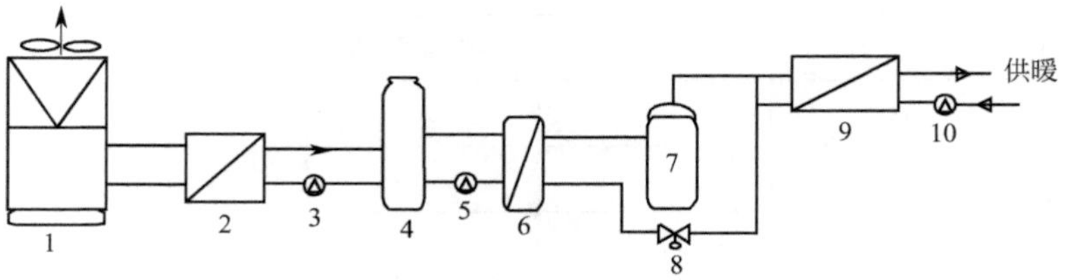

图 2.18　双级耦合热泵系统

1—空气源热泵室外机；2—空气源热泵冷凝器；3,5,10—水泵；4—中水箱；
6—水源热泵蒸发器；7—水源热泵压缩机；8—节流阀；9—水源热泵冷凝器

的压缩机，即 ZW 系列机组，其出水温度可达 55℃以上，制热能力有 4.5hp（ZW-51，220V、50Hz）及 5.4hp（ZW-61，380V、50Hz）等，见图 2.19，可用于寒冷地区热水系统，性能参数见表 2.6。

图 2.19　谷轮补气增焓压缩机

表 2.6 ZW 热水器系统在各环境温度下的性能（55℃出水、直接加热）

环境温度/℃	制热性能/kW	COP	蒸发温度/℃	冷凝温度/℃	排气温度/℃
43	14.4	4.92	19.4	55.5	86
35	12.9	4.49	13.9	55.5	88
20	10.5	3.72	4.3	54.1	91
7	8.3	2.91	−3.8	53.0	95
−7	5.9	2.32	−16.9	52.0	99
−15	4.8	1.96	−23.0	51.4	103

第六节　蒸汽压缩式空气源热泵的其他主要部件

一、蒸发器

蒸发器是空气源热泵的热源，是重要的部件，其种类也很多，主要是直接蒸发的空气冷却器。

直接蒸发式空气冷却器的蒸发器广泛地被应用于空调、冷库库房、低温试验箱和各种形式的冷风机和热泵，如图 2.20 所示。在这种蒸发器中制冷剂在换热管内蒸发，空气在风机的作用下在换热管外流动。为了提高空气侧的换热系数，这种蒸发器的换热管通常采用翅片管。翅片管通常由紫铜管和垂直套在紫铜管外的铝片组成，铜管尺寸为 ϕ9mm×0.5mm 或 ϕ16mm×1.0mm，铝片的厚度为 0.15～0.30mm，翅片间距对于空调为

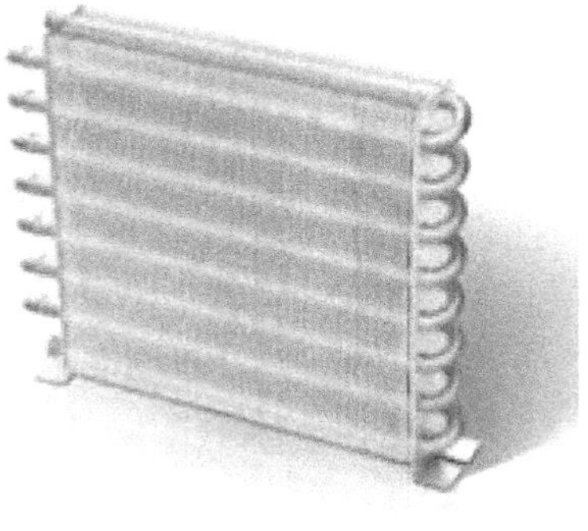

图 2.20　直接蒸发式空气冷却蒸发器

2.0～4.5mm，对于冷库使用的冷风机翅片间距要大一些，以防冷凝水流动不畅或被积霜堵死而影响空气的流动，使传热情况恶化。

直接蒸发式空气冷却器的蒸发器的传热系数比较低，当空气的迎面风速为2～3m/s时，对于用于空调机组的蒸发器的传热系数为30～40W/(m^2·℃)，这种蒸发器的优点是结构紧凑、占地面积小、冷量损失小；缺点是气密性要求高、制冷量调节比较困难。

二、板式冷凝器与蒸发器

板式换热器最初主要是用在食品、医药、化工行业的，由于它的传热系数高、结构紧凑等优点，所以它的使用越来越广泛。近几年，板式换热器开始应用在制冷和热泵装置上。

板式冷凝器的传热元件是冲压成型的薄金属板片。如图2.21所示，换热板片上冲有波纹以强化传热，很多换热片叠放在一起焊死，换热板与换热板之间的周边保持一定的距离，构成制冷剂和水的流道。流体在换热板之间的流程可以按具体的情况进行并联、串联和混联，在制冷装置中多用并联流程。如图2.22所示，制冷剂从板式冷凝器的右上端进入，在换热板上冷凝成冷凝液后流到冷凝器的底部，并从板式冷凝器的右下端流出进入储液器。加热或被冷却水则是从板式冷凝器的左下端进入，并经换热板换热后从冷凝器的左上端流出。

图2.21　板式冷凝器换热板

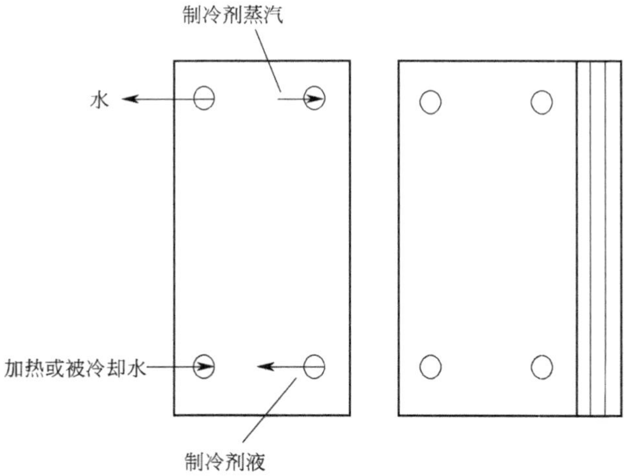

图 2.22 板式冷凝器流程

板式冷凝器的传热系数为 2000～3000W/(m^2·℃)，具有结构紧凑、体积小、耗材少等特点。单位体积的传热面积可达 250m^2/m^3，每平方米的传热面积仅需要金属材料 15kg 左右。

板式换热器的缺点是：承受压力受一定的限制，加热或冷却水的流动阻力大、清洗不方便，对加热或冷却水的水质要求较高。

三、膨胀阀

热力膨胀阀是压缩式装置中制冷剂流量控制的主要元部件。它的作用主要包括：使高压常温的制冷剂液体变为低压低温的湿蒸汽，根据感温包感受到的蒸发器出口制冷剂蒸汽过热度的变化，改变膨胀阀的开启度，自动调节流入蒸发器的制冷剂流量，使制冷剂流量始终与蒸发器的负荷相匹配，保持一定的过热度，这样既能保证蒸发器传热面积的充分利用，又可以防止压缩机出现液击冲缸现象。热力膨胀阀的结构见图 2.23。

热力膨胀阀的构造和作用原理是由感温包、毛细管、感应薄膜互相连通，构成一个密闭容器，称为感温机构。感温包安装在蒸发器的出口，感温包内充注工质，用它来感受蒸发器出口制冷剂的过热度。毛细管传递感温包内的压力至感应薄膜上，感应薄膜由一块很薄的（0.1～0.2mm）合金片冲压而成，断面呈波浪形，它在受力后弹性变形，性能非常好。热力膨胀阀的热力作用原理见图 2.24(a)、(b)。

(a) 实物图

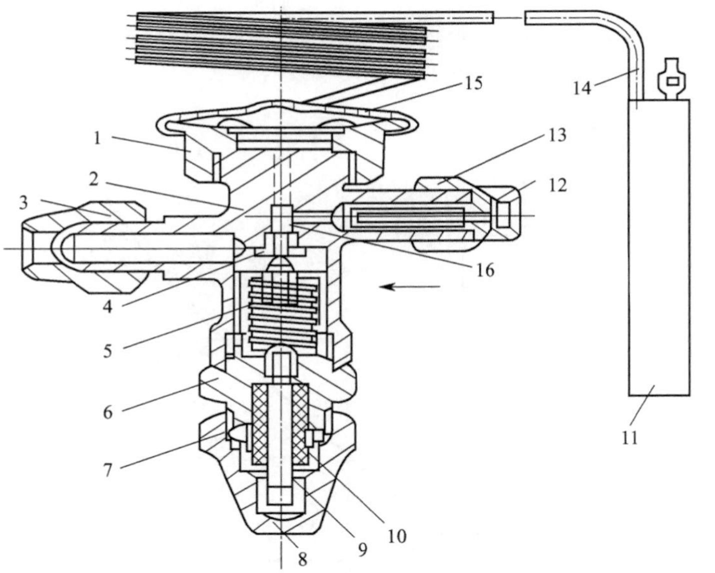

(b) 结构图

图 2.23 热力膨胀阀

1—感应机构；2—阀体；3—螺母；4—阀座；5—阀针；6—调节杆座；
7—垫料；8—帽罩；9—调节杆；10—填料压塞；11—感应管；
12—过滤器；13—螺母；14—毛细管；15—膜片；16—传动杆

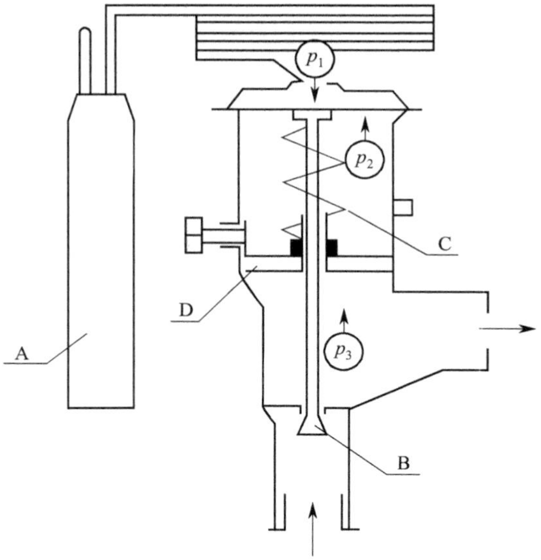

(a) 热力膨胀阀作用原理

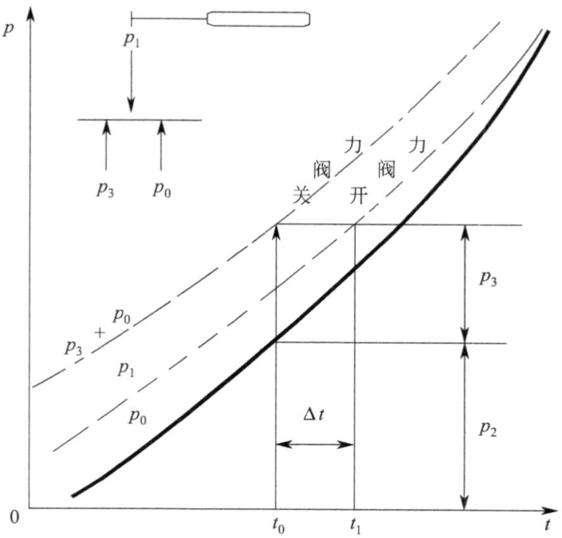

(b) 过热度控制原理

图 2.24　热力膨胀阀的作用原理和过热度控制原理

A—感应机构；B—执行机构；C—调整机构；D—阀体

以温包中感温介质的压力提供阀打开方向的驱动力（开阀力）；以蒸发压力 p_0 和弹簧力 p_3 作为阀关闭方向的平衡力。温包感受蒸发器出口的温度 t_1，开阀力 p_1 随温度 t_1 的变化称为开阀压力曲线，它由温包中冲注的感温介质的压力-温度属性所决定。在关阀时，蒸发压力随蒸发温度的变化关系是确定的（由制冷剂的热力特性决定）；弹簧力在阀处于关闭时最小，由设定的预紧力决定，阀在全开位置时达到最大。预紧力根据所需工况下的过热度可以人为以预紧弹簧力确定。

为了使热力膨胀阀与所在的系统，特别是与蒸发器能匹配得好，最大限度地利用蒸发器的换热面积，并使蒸发器的冷量输出始终和负荷相匹配，就需要适当地选择热力膨胀阀。热力膨胀阀的设计选择主要依据是系统的设计制冷量、工况参数、制冷剂种类，具体地应考虑下列因素：

① 按系统采用的制冷剂，查阅相关工质的热力膨胀阀样本。

② 考虑蒸发温度对膨胀阀容量的影响。随着蒸发温度的降低，阀的容量变小，见表 2.7。

③ 阀前制冷剂过冷度会影响阀后两相制冷剂的干度，从而影响阀的流量系数。因此，要考虑阀前液体过冷度对阀容量的影响，见表 2.8。

④ 注意冷凝器至阀前的液管的压力，适当增加制冷剂的过冷度，防止其在阀前汽化。

考虑了上述因素后，选择适合容量和形式的热力膨胀阀，还要依靠现场调整，最终允许有 20%的容量裕度。

表 2.7　蒸发温度对膨胀阀容量的影响

蒸发温度/℃	5	0	−5	−10	−15	−20	−25	−30	−35	−40
相对容量	1.0	0.9	0.8	0.75	0.66	0.57	0.49	0.41	0.39	0.38

表 2.8　阀前液体过冷度对膨胀阀容量的影响

过冷度/℃		4	8.35	11.1	16.7	22.2	27.8	33.4
相对容量	R22	1.0	1.14	1.17	1.24	1.31	1.37	1.42

四、电子膨胀阀

热力膨胀阀是机械作用式流量调节阀，实现大体上的比例型流量调节。其不足之处是感温包延迟大，信号的反馈有较大的滞后；调节范围窄，控制品质不高；无法实施计算控制。电子膨胀阀的应用，克服了热力膨胀阀的上述缺点。

采用电子膨胀阀的制冷剂流量自动控制系统如图 2.25 所示。

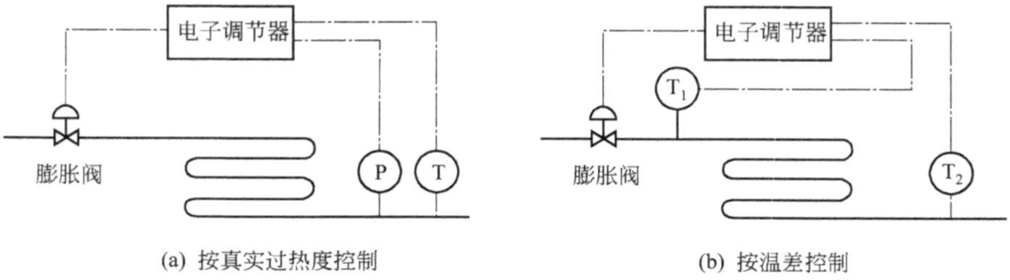

图 2.25　电子膨胀阀流量调节原理

调节器根据过热度的变化值，按照给定的控制规律计算并输出调节量，电动执行机构驱动阀门完成流量调节。

热动式电子阀是 Danfoss 公司的专利产品。如图 2.26 所示，其依靠阀头电加热产生的热力变化来调节阀的开度。

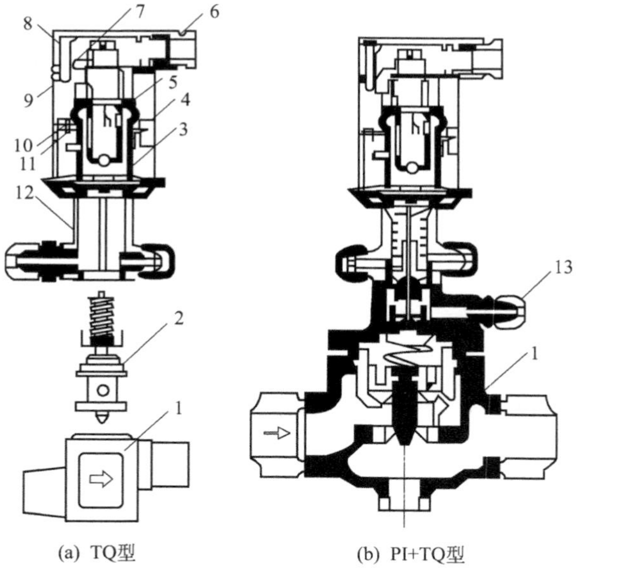

图 2.26　热动式电子膨胀阀结构

1—阀体；2—节流组件；3—膜片；4—PTC 加热元件；
5—NTC 感温元件；6—控制线入口；7—电线套管；8—上盖；9—螺钉；
10—O 形圈；11—止动螺钉；12—阀头；13—接出液口接头

五、毛细管

毛细管一般是指内径为 0.4～2.0mm 的细长铜管，是最简单的一种节流机构。毛细管因其廉价、可靠、选用灵活等优点，在不需要精确调节流量的小型装置中应用。毛细管通过制冷剂在细长管内流动的阻力实现节流。图 2.27 所示为制冷剂沿毛细管流动的状态变化。

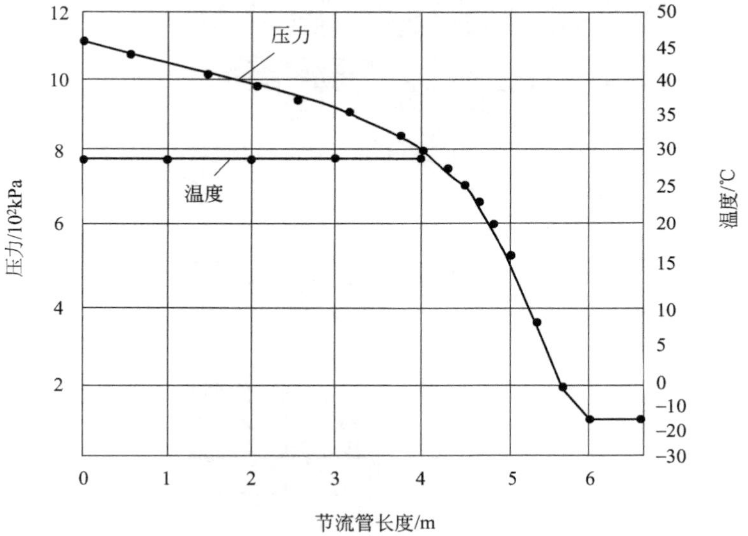

图 2.27　制冷剂沿毛细管流动的状态变化

六、四通阀

四通阀在热泵中的作用是工况转换用的，即从冬季供暖转换为夏季供冷。此外，在冬季供暖时用于冲霜时的工况转换。它的构造的精密性、动作的灵敏性是十分重要的，可以说没有它的制造成功，制冷机就难以发展为热泵。图 2.28 为四通阀的外观，图 2.29 为四通阀的结构。

四通阀的阀体是一根有四条通道的联箱，其朝上部的连接管永远与压缩机出口的高压蒸汽管相通，朝下的中间管道出口永远和压缩机的低压入口相通，其朝下的左、右两根管在制冷和制热工况转换时是相互切换的。即按照四通阀构造的惯例，四通阀通电时为制热工况，则阀体联箱中的电磁滑阀向右移动，使左侧下部的连接管与冷凝器相通，右部的连接管与蒸发器相通，并与中间向下管相通再通往压缩机，从而完成制热循环。

在制冷工况或冲霜工况时，四通阀掉电，使联箱中的滑阀向左移动，

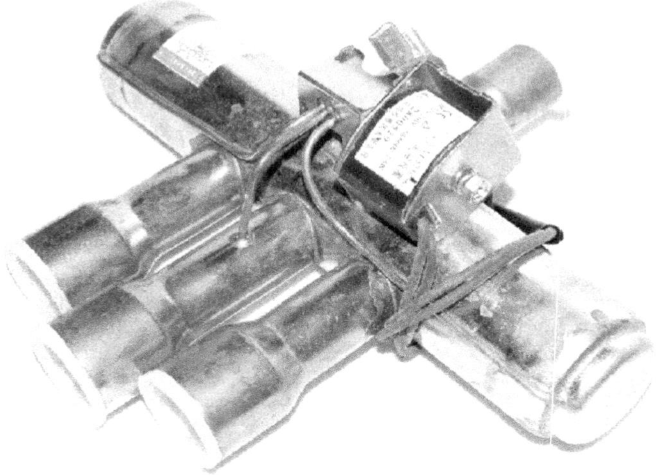

图 2.28　四通阀的外观

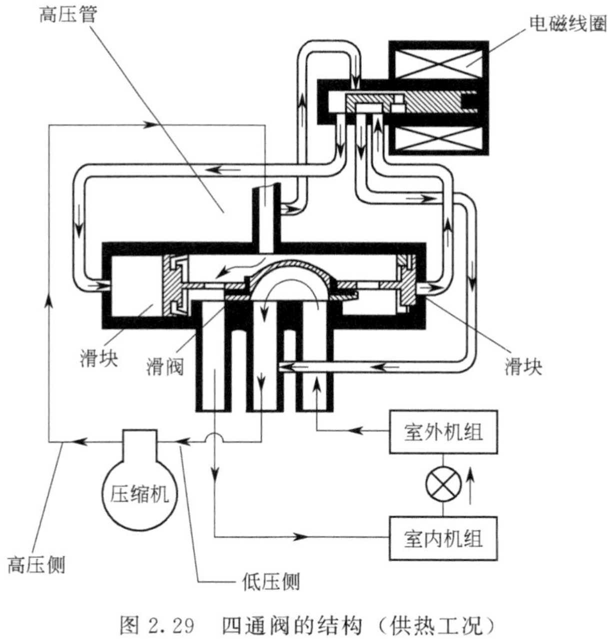

图 2.29　四通阀的结构（供热工况）

使右部管道与来自压缩机的高压蒸汽相通，而左部管道与蒸发器相通，并与中间向下管道相通，再通往压缩机入口，完成制冷工况，或一次冲霜工况。

第七节 蒸汽压缩式热力循环参数的确定

蒸汽压缩式热力循环参数的确定，包括冷凝温度和压力、蒸发温度和压力、节流装置前的液体过冷度、蒸发器后的即压缩机入口的过热度、压缩机出口的排气状态等。

确定这些参数才能选择设计主要设备，包括压缩机的特性，并获得循环效率的数值大小。进行上述工作的主要工具是 lg$p$-i 图（图 2.30），以及在图上表示的热力循环。

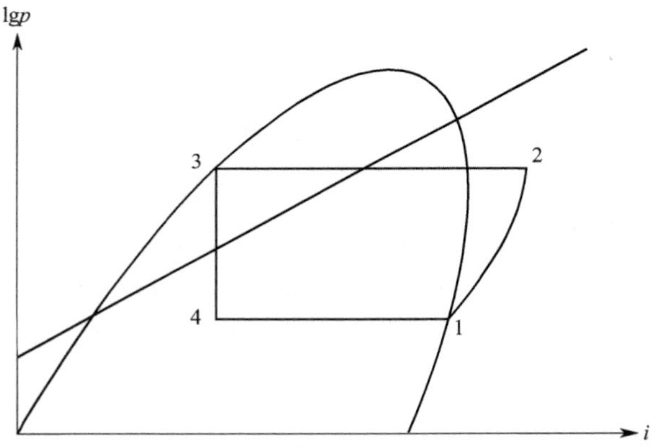

图 2.30 蒸汽压缩式热力循环在 lg$p$-i 图上的表示

1→2 压缩机压缩过程；2→3 冷凝器冷凝过程；

3→4 节流过程；4→1 蒸发过程

一、冷凝温度的确定

冷凝温度是指在冷凝器中制冷剂的冷凝温度 t_c 与冷凝压力 p_c 是对应的，t_c 的确定首先取决于被加热物质的需要，如生活热水最低42～45℃，其次是在冷凝器中制冷剂与被加热物质的对数温差。

假如认为制冷剂的冷凝过程只是相变过程（因为冷凝过程的相变热与压缩机出口的高压蒸汽的过热量和冷凝后的高压液体过冷放热量相比相对较大），而被加热物质如空气或水，从冷凝器入口到出口总是有一定的温差，则在冷凝过程中热交换的算术温差为：

$$\Delta t = t_c - \frac{t_1 + t_2}{2} \tag{2.11}$$

式中，t_c 为冷凝器中制冷剂的冷凝温度，℃；t_1、t_2 分别为被加热物质在冷凝器入口及出口温度，℃；Δt 一般取 3～5℃。

由于冷凝温度与冷凝压力相对应，冷凝温度提高，冷凝压力也会升高，会使压缩机的出口压力提高，压缩比增大，压缩机的效率降低，功耗增大，COP 下降，更加不利的后果是排气温度升高，压缩机（尤其是活塞式的）故障率增加，运行的安全可靠性降低。

因此，根据热泵装置中压缩机的种类、功率大小，规定了最高冷凝温度和对应的蒸发温度。GB/T 18429—2001 标准中对中小型单级压缩机的压缩使用条件规定如下。

高温型：蒸发温度－23.3～12.5℃，冷凝温度 27～60℃，压缩比＜6.0；

中温型：蒸发温度－23.3～0℃，冷凝温度 27～60℃；

低温型：蒸发温度－40～12.5℃。

谷轮 ZR 型柔性涡旋压缩机产品样本中公布了它的以 R22 为工质的中小型压缩机的技术性能参数，对于 220V、50Hz 压缩机的蒸发温度为－1.1～12.8℃，对应的冷凝温度 60℃下的制冷效率见表 2.9。

表 2.9　220V、50Hz 压缩机在蒸发温度为－1.1～12.8℃，对应的冷凝温度为 60℃下的制冷效率

蒸发温度 t_e/℃	－1.1	12.8
冷凝温度 t_c/℃	60	60
制冷量 Q_L/W	3840	6710
输入功率 N/W	2350	2170
制冷效率 ε_L	1.63	3.09

近期谷轮推出了补气增焓压缩机系列，其性能参数见表 2.10。

表 2.10　补气增焓压缩机性能参数

环境温度/℃	蒸发温度/℃	冷凝温度/℃	排气温度/℃
20	5.0	59.6	98
7	－3.0	58.5	105
－7	－16.0	58.3	110
－15	－22.3	57.4	110

由表 2.10 可见，在冷凝温度大约 60℃时，蒸发温度从单级压缩时的 -1.1，依靠补气增焓可使蒸发温度降至 -22.3℃，使排气温度不超过安全范围。

二、蒸发温度的确定

蒸发温度是指制冷剂在蒸发器内沸腾的温度，与它对应的饱和压力是蒸发压力，它是压缩式热泵机组中的重要参数，尤其是对于以空气为热源的热泵而言，它与大气环境温度密切相关，当环境温度高时，蒸发温度也会提高，过高的蒸发温度使压缩机的电动机绕组被破坏。而当环境温度过低时，相应的过低的蒸发温度使压缩机吸气量下降，一次压缩量下降，输气量下降，出力下降，耗电量剧增。此外，产生的润滑油不足，使压缩过程过热，排气温度超高，则会烧毁压缩机。蒸发压力过低时会使压缩比增大，而对于大多数中小型压缩机的压缩比超过 6.0 就会烧坏。

因此，要采取技术措施避免蒸发温度过低，对于空气源热泵，蒸发器一般是翅片管式的，也称直接蒸发式的风冷蒸发器。

在这种蒸发器中，制冷剂在换热管内蒸发，空气在风机的作用下，横向掠过管外的翅片间，翅片管常采用紫铜和紧套在铜管外的铝翅片，铜管为 ϕ9mm×0.5mm 或 ϕ16mm×1.0mm，铝片的厚度为 0.15～0.3mm，翅片间距对于空调为 2.0～4.5mm，对于冷库则要大一些，以防结霜将风道堵死，使传热情况恶化，其结构如图 2.31 所示。

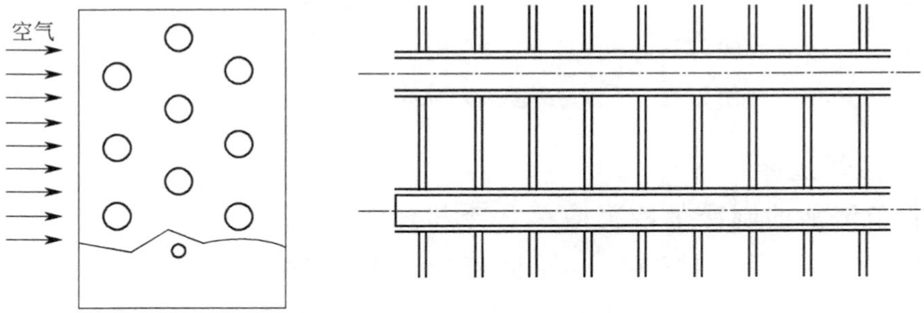

图 2.31 翅片式蒸发器结构简图

这种翅片式的直接蒸发器的传热系数比较低，对于空调用的热泵机组，当流过蒸发器的迎面风速为 2～3m/s 时，相对这种蒸发器的总传热面积而言的传热系数为 30～40W/(m^2·℃)，流体与制冷剂的对数平均温差一般取 8～12℃。

例如，室外空气温度为－12℃，进入蒸发器进口，蒸发器出口的温度为－20℃，蒸发器内的制冷剂 R22 在铜管内蒸发的温度为－25℃不变，对应的蒸发压力为 1.5kg/cm² 左右，则计算传热的对数温差如下：进口温差为－12－(－25)＝13(℃)，出口温差为－20－(－25)＝5(℃)，将以上两值代入求对数温差的公式 $\Delta t=\dfrac{\Delta t_{大}-\Delta t_{小}}{\ln\dfrac{\Delta t_{大}}{\Delta t_{小}}}$，此处 $\Delta t_{大}=13$，$\Delta t_{小}=5$，即得 $t=8.37$℃。

三、过冷度和过热度

为了改善蒸气压缩式热泵的热力循环，要求对冷凝液体要过冷、吸热后的蒸发气体过热，为了说明过冷度、过热度的适宜值，要应用制冷剂的温熵图（t-S 图）和压焓图（lg$p$-i 图），如图 2.32 所示。

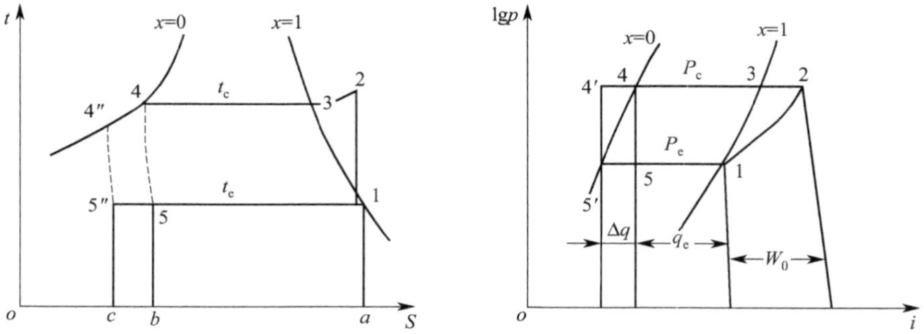

(a) t-S图　(b) lgp-i图

图 2.32　液体过冷度热力循环的温熵图和压焓图

1. 液体过冷

将节流前的制冷剂冷凝液体，冷却到饱和温度下，称为液体过冷过程，如图 2.32 中 t-S 图和 lg$p$-i 图所示，将制冷剂的冷凝温度 t_c 从 4 冷却到 4″，再进行节流，可以加大节流后的蒸汽干度和单位制冷剂在蒸发过程中的吸热量 q_c，及在冷凝器中的得热量 q_c，如在图 2.32 的 t-S 图上所示□$b55''c$ 和□$b44''c$；在 lg$p$-i 图上，则可以用焓差表示，分别为 $q_e=i_5-i_5'$和 $q_c=i_4-i_4'$。

可见，有过冷度的热力循环可以提高热泵的制冷量和供热量，并且，可以使节流装置前的制冷剂处于纯液态，使其工作稳定。热泵的过冷度一般取 5℃，由加大冷凝器的面积来实现，过大的过冷度会使冷凝器的换热面积增加到不经济的程度，并且使供热介质的温度 t_c 降低。

2. 吸气过热

压缩机吸入气体的温度，高于吸气压力下的饱和温度，称为过热度。具有吸气过热的循环叫吸气过热循环，压缩机吸气有过热度是必要的，否则，压缩机内有冲缸或液击的危险。图 2.33 是吸气过热循环在 t-S 图和 $\lg p$-i 图上的表示。

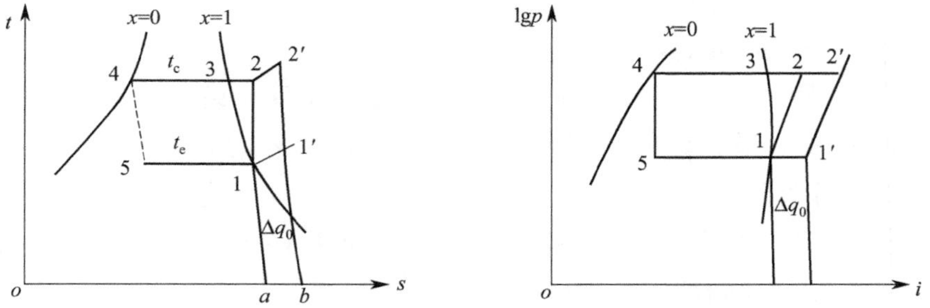

图 2.33 吸气过热循环的温熵图和压焓图

在图 2.33(a) 上，1→2→3→4→5 是理论循环，1→1′→2′→2→3→4→5→1 是吸气过热循环，$t_1'-t_1=\Delta t$ 是吸气过热度。

在图 2.33(b) 上，可以用焓差值清楚地说明，有吸气过热的循环比理论循环的供热量增加了 $q_c=(i_2'-i_4)-(i_2-i_4)=i_2'-i_2$。但耗功量也同时增加了，即 $\Delta W_0=(i_2'-i_1')-(i_2-i_1)$，由于压缩机吸气过热，其比容会增大，吸气量会下降，压缩过程的损失增大，排气温度升高，因而，$i_2'-i_1'>i_2-i_1$，所以，$\Delta W_0>0$，且不说 $q_c/\Delta W_0$ 会增大还是减小是不一定的，就压缩机排气温度升高一点来看，过热度必须要有限制，一般取 5℃ 为宜。因此，对蒸发器后面至压缩机入口之间的管道要进行保温（夏季更有必要）。

四、压缩机出口蒸汽状态的确定

为了确定压缩机的出口状态，必须确定压缩机的效率，然而，在蒸汽压缩的热力过程中，压缩机的耗功不是产品样本中的耗功。电动机与压缩机联轴有联轴损失，即机械损失。压缩机将制冷剂气体从低压提升到高压出口有局部阻力损失、摩擦损失、余隙损失等一系列损失，这些损失都使实际耗功率大于理论功率，表示理论值与实际值差异的常用的物理量，就是各项效率。

1. 压缩机的效率

前文已经谈过压缩机的效率，这里设压缩机的总效率为 η_t，则

$$\eta_t = \eta_i \eta_m \eta_{el}$$

式中 η_i——压缩机的指示效率（压缩过程的效率）；

η_m——压缩机的机械效率；

η_{el}——压缩机的电机效率。

在诸多效率中，有些是比较简单的，就是说只与设备的类别有关，例如电机效率 η_{el}，单相电机比三相要低，小型电机又低于大型电机，前者一般为 0.8，后者可达 0.92；又如 η_m，对于电机与压缩机轴直接连接的 $\eta_d = 1.0$，三角皮带传动的 $\eta_m = 0.9 \sim 0.95$；而指示效率 η_i 不仅和压缩机的构造有关，而且和制冷剂的性质及压缩机进、出口，制冷剂的状态有关。

首先，不同的制冷剂的绝热压缩指数 K 不同，如前述，$K = c_p / c_V$（K 可以从制冷剂物性表中查出），何况实际压缩过程并不是绝热过程，而是多变过程。

其次，η_i 与压缩比 P_c/P_e 值的大小相关，压缩比增大，压缩过程的摩擦损失加大，温升加大，η_i 还取决于压缩机的构造、形式、制造精度，如涡旋式压缩机比活塞式的要高，另外，还取决于电机转速，转速愈高损失愈大，η_i 愈低。

压缩机的指示效率 η_i 一般在 0.6～0.8 的范围内。

2. 压缩机的耗功、功率、效率的计算及与 lg*p*-*i* 图的对应

图 2.34 是蒸汽压缩实际循环过程在 lg*p*-*i* 图上的表示。

① 单位工质理论压缩耗功率——压力 $p_1 \rightarrow p_2$ 的等熵压缩过程的焓差。

$$W_0 = h_{2'} - h_1 \tag{2.12}$$

② 单位工质实际压缩耗功率

$$W_s = W_0 / \eta_i = h_2 - h_1 \tag{2.13}$$

式中，η_i 为压缩机指示效率。

③ 单位工质制热量

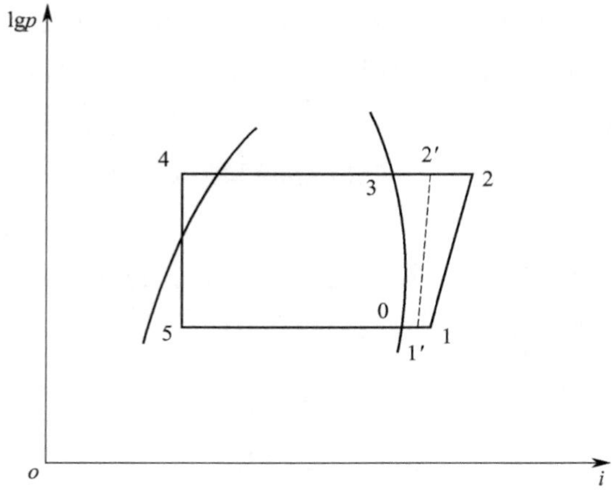

图 2.34 蒸汽压缩实际循环过程的压焓图

$$q_c = i_2 - i_4 \quad (2.14)$$

④ 制冷剂的循环流量 q_m

$$q_m = Q_c / q_c \quad (2.15)$$

式中，Q_c 为热泵供热负荷。

⑤ 压缩过程实际功耗

$$N_i = q_m W_s \quad (2.16)$$

⑥ 压缩机总实际耗功

$$N_{el} = N_i / \eta_{el} \quad (2.17)$$

⑦ 热泵的能效比

$$COP = Q_c / N_{el} \quad (2.18)$$

由式(2.12) 知，$\eta_i = 50\% \sim 60\%$，压缩机的输入功转换为有效热只有 50%～60%。

所以，压缩机出口蒸汽的状态，即图 2.34 上的 2 点的焓值，在缺少资料时可取：

$$i_2 = i_1 + N_{el} / 2q_m \quad (2.19)$$

N_{el}是压缩机的总输入功率。

第八节 蒸汽压缩式热泵实际循环的热力计算

本节以实例说明计算方法。

【例 1】 空气源热泵固体吸附除湿机的压缩机为 1.5hp，工质为 R22，干燥床为翅片管上粘接硅胶，再生过程是以65℃的制冷剂直接加热干燥床，即热泵的冷凝温度最高为65℃，蒸发温度为安装在房间内的直接蒸发器，吸收房间的余热，房间温度为26～28℃。试求在上述的工况下，热泵的高压、低压、供热量、排气温度和输入功率。

该压缩机的吸气过热度为11.1℃，冷凝液的过冷度为8.3℃。

解：（1）确定如图2.35所示的lg$p$-i图上的热力循环过程0→1→2→3→4→5各点的参数，列于表2.23，即

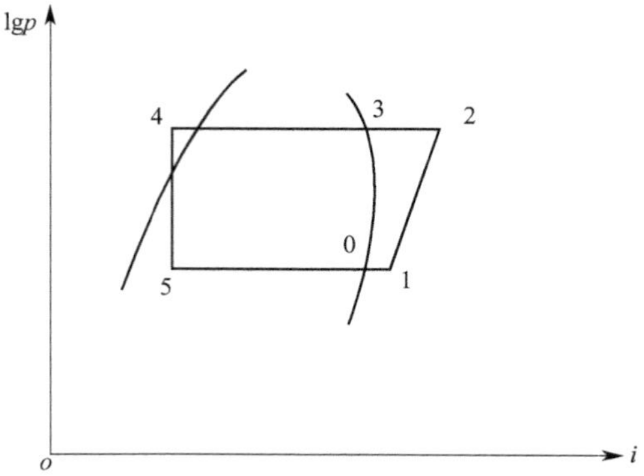

图2.35　lg$p$-i图上的热力循环过程

① 由冷凝温度65℃，对应的冷凝压力2.7MPa，及冷凝液过冷度8.3℃，找出i_4=270kJ/kg；

② 由4点节流降压至蒸发温度27℃－8℃＝19℃，对应的蒸发压力为0.88MPa，i_5=i_4=270kJ/kg；

③ 由5点沿蒸发压力0.88MPa线经与饱和汽线相交于0点再至过热度11.1℃，即压缩机进口温度为30.1℃的焓值为410kJ/kg；

④ 由1点的压力0.88MPa，等熵压缩至2.7MPa，找到压缩机理想循环出口的焓值为455kJ/kg，则压缩机理想压缩过程的焓增为Δi=45kJ/kg，设压缩机的指示效率为0.75，由45/0.75=60(kJ/kg)，加上1点的焓，找出压缩机出口的焓值为470kJ/kg，列于表2.11中。

表2.11　压缩机出口的焓值

状态	符号	单位	数值
1	t_e	℃	19+11.1=30.1
	p_e	MPa	0.88
	v_1	m^3/kg	0.0030
	h_1	kJ/kg	410

续表

状态	符号	单位	数值
2	t_2 p_2 v_2 h_2	℃ MPa m^3/kg kJ/kg	115 2.7 0.0014 470
3	t_c P_c v_c h_3	℃ MPa m^3/kg kJ/kg	65 2.7 0.00785 425
4	t_4 P_c h_4	℃ MPa kJ/kg	65−8.3=56.7 2.7 270

(2) 已知除湿机干燥床的再生热为 2kW，单位质量制热量$=h_2-h_4=470-270=200$(kJ/kg)，则压缩机的质量流量为 0.01kg/s，又由表 2.11 得出压缩机单位工质耗功量为$h_2-h_1=470-410=60$(kJ/kg)，则压缩机耗功为 60×0.01=0.6kW。

该工况下的压缩机的 COP=2/0.6=3.3。

若压缩机功率中考虑电机损失，则压缩机耗功为 0.6/0.92=0.652kW，则该工况的 COP=2/0.652=3.06。

【例 2】 利用双级耦合以 R22 为制冷剂的热泵在环境温度−12℃下，欲达到出热水 55℃，试计算一级、二级热泵的主要参数，热泵压缩机过冷度及压缩机进口过热度皆为 5℃，双级耦合热泵的系统如图 2.36 所示。

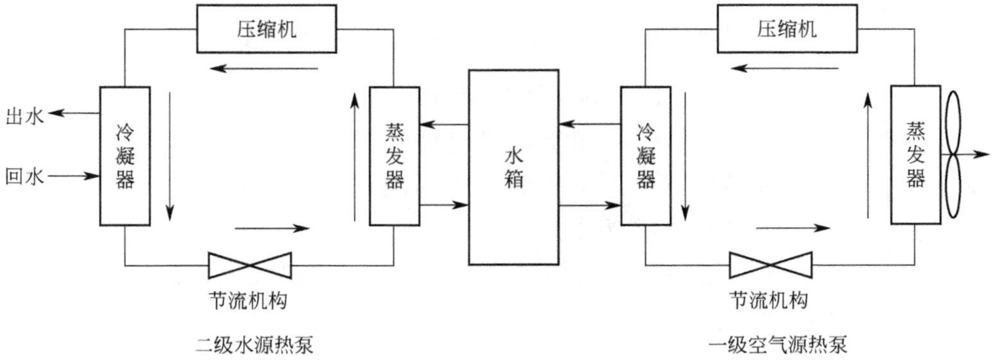

图 2.36 双级耦合热泵工作原理

解： 根据题目给定的环境温度和所需供水温度，可确定一级空气源热泵的蒸发温度为－20℃，二级水源热泵的冷凝温度为60℃。

双级耦合式系统设计关键是优选中间水箱的水温，使一级空气源热泵与二级水源热泵的能效比值相近，则两级匹配的效率最高。为此，先选中间水温20℃，进行如下计算，并列于表2.12中。

（1）先由下列步骤计算一级空气源热泵的热力参数。

① 一级空气源热泵：蒸发温度－20℃，得到对应的蒸发压力为 2.45kgf/cm^2（1kgf/cm^2＝0.1MPa），由蒸发压力与饱和线交点再过热5℃，找到压缩机进口焓为401.8kJ/kg，在 lg$p$-i 图上记为1点（见图2.37）；

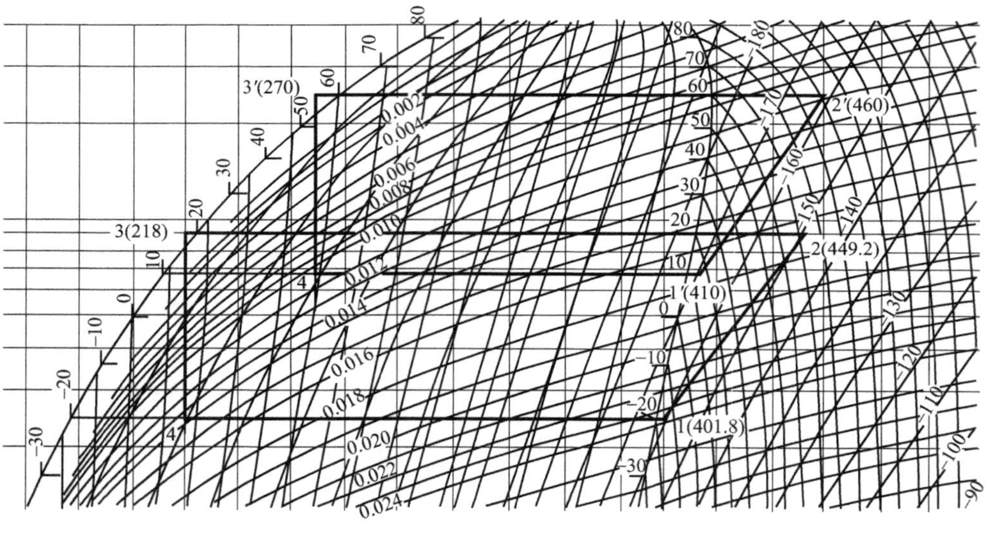

图 2.37　lg$p$-i 图上双级耦合热泵的热力循环过程

② 由冷凝温度20℃，找到冷凝压力为9.1kgf/cm^2，由1点沿等熵线与压力为9.1kgf/cm^2 等压线相交，得出绝热压缩终点的焓为435kJ/kg，设压缩机指示效率为0.7，得出压缩机实际压缩终点的焓为449.2kJ/kg，在图上记为2点，排气温度为70℃；

③ 由2点与1点的焓差449.2－401.8＝47.4kJ/kg为单位压缩功，考虑压缩机电机的效率为0.92，得出压缩机耗功为47.4/0.92＝51.5kJ/kg；

④ 沿冷凝压力9.1kgf/cm^2 线及冷凝液温度60－5＝55℃找到冷凝器

出口的焓为218kJ/kg，则一级热泵的单位制热量为 449.2－218＝231.2kJ/kg；

⑤ 一级热泵的COP＝231.2/51.5＝4.49；

⑥ 一级热泵的压缩比为 9.1/2.45＝3.71。

（2）由下列步骤计算二级水源热泵参数。

① 由中间水箱温度为20℃，确定二级热泵的蒸发温度为10℃；

② 由蒸发温度10℃找到对应的蒸发压力为 6.8kgf/cm^2，并沿该压力与15℃过热蒸汽线相交得1′点的焓值为410kJ/kg；

③ 根据二级热泵冷凝温度60℃，找到冷凝压力为24.27kgf/cm^2，由1′点沿等熵线与压力为24.27kgf/cm^{2}的等压线相交，得到焓值为445kJ/kg。

设压缩机指示效率为0.7，则压缩机实际压缩功为50kJ/kg，而压缩机出口的焓为460kJ/kg，在图上记为2′点；

④ 若电机的效率为0.92，则压缩机耗功为50/0.92＝54.3kJ/kg；

⑤ 沿冷凝压力24.2kgf/cm^{2}的等压线与饱和液过冷度5℃的55℃液线相交得冷凝器出口的焓为270kJ/kg，在图上记为3′点；

⑥ 由2′点与3′点的焓差得单位制热量为460－270＝190kJ/kg；

⑦ 二级水源热泵的COP＝190/54.3＝3.5；

⑧ 二级压缩比为24.2/6.8＝3.56；

⑨ 由2′点得排气温度为100℃，可以安全运行；

⑩ 双级耦合的总COP＝190/105.8＝1.80。

上述计算结果列于表2.12中。

表2.12　二级压缩冷凝温度60℃数据

序号	热泵工况	系统设定参数		备注
		一级空气源热泵（环境温度－12℃）	二级水源热泵、水箱温度(20℃)	过热度5℃，过冷度5℃
1	蒸发温度/℃	－20	10	
2	蒸发压力/(kgf/cm^2)①	2.45	6.8	
3	压缩机进口焓/(kJ/kg)	401.8	410	
4	冷凝温度/℃	20	60	
5	冷凝压力/(kgf/cm^2)①	9.1	24.27	
6	压缩机等熵压缩出口焓/(kJ/kg)	435	445	

续表

序号	热泵工况	系统设定参数		备注
		一级空气源热泵（环境温度−12℃）	二级水源热泵、水箱温度(20℃)	过热度5℃，过冷度5℃
7	压缩机出口焓(指示效率0.7)/(kJ/kg)	449.2	460	
8	压缩机输入功率(电机效率0.92)/(kJ/kg)	51.5	54.3	
9	冷凝温度60℃过冷5℃出口的焓/(kJ/kg)	218	270	
10	单位制热量(一级)/kJ	231.2	190	
11	压缩机排气温度/℃	70	100	
12	压缩机的压缩比	3.71	3.56	
13	各级COP	4.49	3.5	
14	双级耦合热泵的COP	1.80		

① $1kgf/cm^2=1at=98066.5Pa$。

由结果可见，二级热泵的COP略小于一级，设计时还可以将中间水箱温度提高一些。

第三章 太阳能、空气源热泵在节能建筑中的应用

第一节 节能建筑与绿色建筑对采暖空调的需求

我国民用建筑耗能所占建筑比例很大，而且具有的节约潜力也很大，其中北方地区的采暖用能相对环境污染的影响又占据着主导地位，所以，为建设能源节约型与环境友好型社会的总体目标，我国1995年和2010年相继公布了《民用建筑节能设计标准》（采暖居住建筑部分）（JGJ 26—1995）和《严寒地区和寒冷地区居住建筑节能设计标准》（JGJ 26—2010）。

二者皆是以1980～1981年典型的居住建筑采暖设计计算负荷为基础，通过围护结构的改进措施，将该值下降50%～65%，按两个标准规定了采暖期平均室外气温下耗热量指标值，如北京地区为20.6W/m^{2}及12.1～16.1W/m^2，根据当时的气象条件，如1995年采暖期平均室外温度为－1.6℃，室内为18℃，采暖室外设计温度为－9℃，可推算出采暖设计负荷限值为28.4W/m^{2}及17.11～22.7W/m^2（2010年）。但根据工程设计、施工、使用及实测结果，两项标准的实现值比理想值要大，如北京地区，对50%节能建筑的采暖设计负荷大约在32W/m^2，而对65%节能的建筑采暖设计负荷大约为25W/m^2。

我国于2013年又颁布了实施绿色建筑的行动计划，即目标是到2015年末，新建城镇建筑20%要达到绿色建筑标准。所谓绿色建筑是指在建

筑的全寿命期内，节能、节地、节水、节材、保护环境、减少污染，各项指标达到《绿色建筑标准》（GB/T 50378—2006）。可见，为实现绿色建筑的标准，采暖、空调、生活热水的任务占据重要地位。

综上所述，符合时代发展、人民需求的采暖、空调、生活热水的设施是科技工作者的重要研究任务。

第二节　民用建筑中的主要采暖方式和对热媒的要求

民用建筑主要包括住宅、集体宿舍、商住楼的居住部分、写字楼等，根据国家标准一般采暖室内温度为18℃，风速＜3m/s。以供暖系统的运行管理方式分类，热源有城市热网和区域锅炉房等集中供热方式及分散的独户供暖方式，后者有便于计量收费的优点。从供暖的末端装置来看，可以分为三种类型，即热风采暖、散热器采暖和辐射采暖。它们有各自的适用性和节能热舒适性，并可以分别以不同的技术要求与空气源热泵配合，达到不同的使用效果。

一、热风供暖

热风供暖有中央空调系统，末端为风机盘管或风管式系统。图3.1为风管式送风系统，图3.2为风机盘管式中央空调系统，图3.3为分体式空调室内风机盘管，图3.4为分体式空调机。

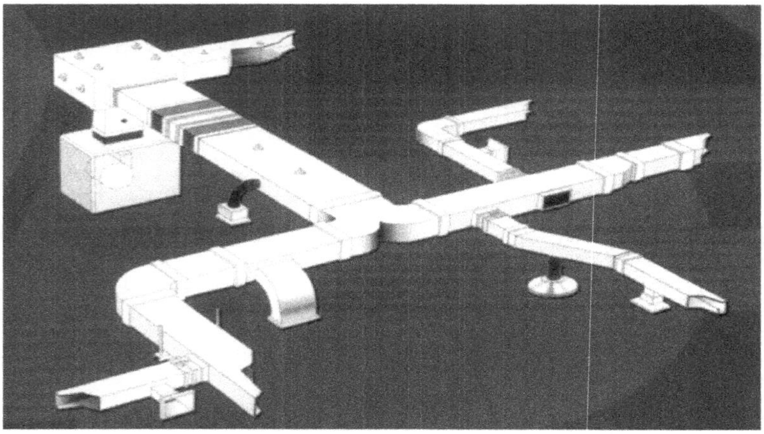

图3.1　风管式送风系统

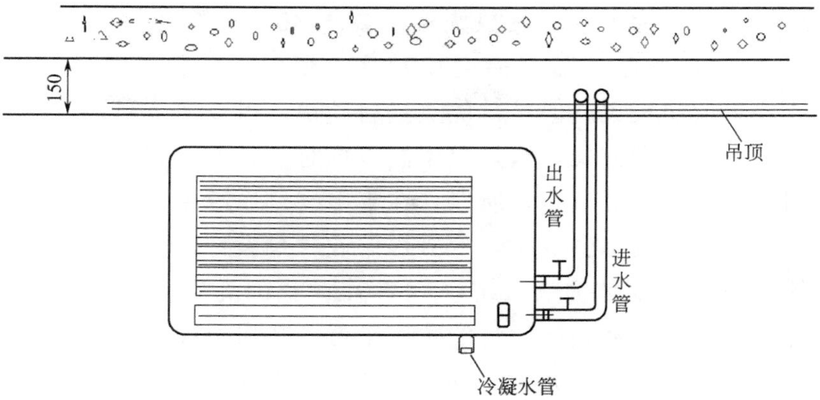

图 3.2　风机盘管式中央空调系统

图 3.3　分体式空调室内风机盘管

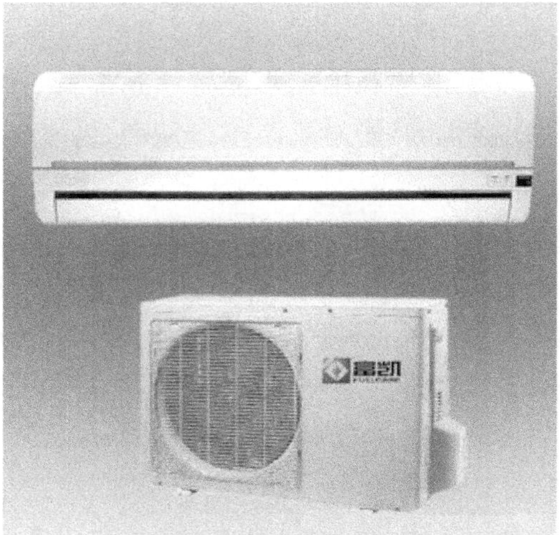

图 3.4　分体式空调机

热风供暖一般为上送，其热媒温度要求45～60℃，热空气在房间内的温度场为上高下低，温度梯度比较大。所以，要使人的活动区达到18℃，则耗热量比较大。但是，优点是启动快，可以冬、夏两季冷、暖两用，且适合夏季空调方式，当热媒用制冷剂时，设备投资少。此外，便于以流量调节或风量调节负荷，所以，在集中空调系统中，常以其替代大风道送风。不过，在夏季供冷时，冷凝水排放常是设计、安装时的难点。日本大金的变制冷剂流量调节系统（VRV）在我国高层公寓或办公楼中有较多的应用，从对人体热舒适性的角度来看，热风供暖不受家居人群，特别是老人、儿童的欢迎，尤其是气候干燥的北方地区。又由于热风难以到达人群，在高大厅堂使用效果也不好，但对某些建筑如商场、娱乐场所、酒店、餐厅等间歇使用场所是很适合的。

需要指出的是，利用空气源热泵进行热风供暖时，由于冷凝温度至少要达到45（制冷剂）～50℃（水），对于冬季室外温度低于－5℃的地区，用一级压缩则不可行，而应采用补气增焓式的准二级压缩机。

此外，空气源热泵热风采暖，在热泵冲霜时，会有短时间温度不适。

二、散热器供暖

散热器供暖的末端装置俗称暖气片，是以往北方寒冷地区住宅或宿舍中最普遍的采暖方式，其热媒为热水，常为集中水系统。由于长距离输送，为节约管网投资，传统的供、回水设计温度为95℃/70℃，所以，各种散热器产品都以95℃/70℃标定其额定散热量。

散热器供暖的主要原理是利用热水流过散热器内，使表面温度与房间空气之间产生一定的温差，形成对流换热，从而加热了房间的空气，当然也有部分辐射热。

下面举两种典型的散热器结构，即柱式和板式，如图3.5和图3.6所示。

由图3.5和图3.6可见，无论是柱式的还是板式散热器，其对房间各围护结构的热辐射都不多。所以，散热器是以对流散热为主的末端。因此，它们的散热量主要是遵循对流换热一类的机理。即散热量（Q）的公式为：

$$Q=KF\Delta t \tag{3.1}$$

式中　F——散热器有效散热面积；

Δt——散热器表面平均温度t_{cp}与室温t_r之差，t_{cp}一般以$\frac{t_g+t_h}{2}$为准；

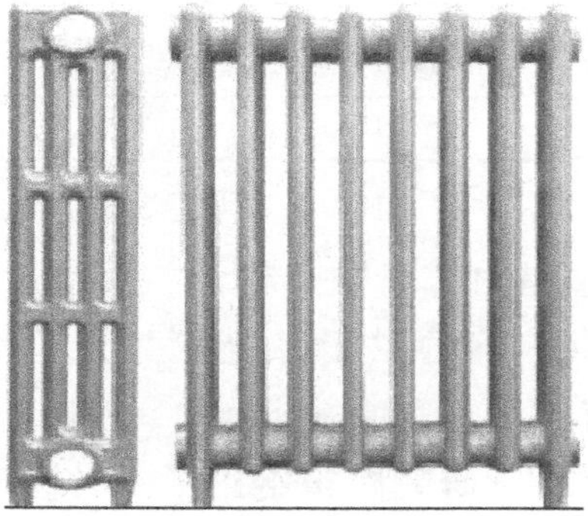

图 3.5 四柱式散热器

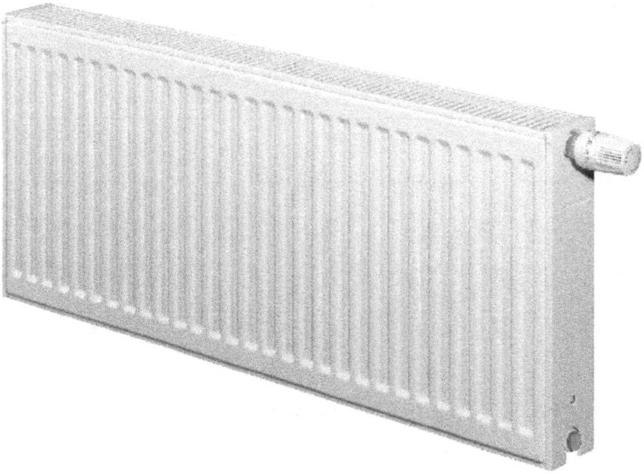

图 3.6 板式散热器

t_g——热水供水温度,℃；

t_h——热水流经散热器后的回水温度,℃；

t_r——室内空气温度，如 18℃；

K——散热器表面向室内空气的传热系数，K 正比于 $\Delta t^{0.25\sim0.35}$。

于是，有

$$Q=F\Delta t^{1.25\sim1.35} \tag{3.2}$$

利用式(3.2)，当已知房间的采暖热负荷 Q 时，可根据散热器产品的技术参数求得某种散热器的散热面积和片数。例如，住宅常用的四柱 813 型散热器有表 3.1 所示的性能参数。

表 3.1　四柱 813 型散热器的性能参数

散热器类型	尺寸(长×宽×高)/mm	水容量/(kg/片)	散热面积/(m^2/片)	传热系数 K/[W/(m^2·℃)]①
四柱 813 型	57×164×813	1.4	0.28	7.6

① 指对应 t_g=95℃，t_h=70℃，t_{cp}=82.5℃，即 Δt=82.5−18=64.5℃。

表 3.1 给出的 K 值是对应于散热器供、回水温度为固定值条件下的，通常适用于大型集中供热网的供暖系统，并且，K 值还随散热器的进、出口水道形式不同而有差异，所以，设计、使用者需要知道 K 与温差值的函数关系。我国建筑科学研究院曾给出了三种国产铸铁散热器的传热系数计算式(水流上进下出)，现摘取四柱 813 型（一组 8 片）的传热系数的计算公式和不同温度下的数值于表 3-2 中。

表 3.2　四柱 813 型（一组 8 片）的传热系数的计算公式和不同温度下的数值

散热器类型和片数	K 的计算公式 /[W/(m^2·℃)]	$\Delta t=t_{cp}-t_r$ 不同时对应的 K 值							
		35℃	40℃	45℃	50℃	55℃	60℃	65℃	70℃
四柱 813 型(8 片)	$K=2.047(\Delta t)^{0.35}$	7.09	7.44	7.76	8.05	8.32	8.58	8.83	—

根据表 3.2 中的数据，可以计算不同散热器热媒平均温度下的散热量，这对于利用空气源热泵为热源的热水系统配置散热器这种采暖末端来说是很重要的。因为对于节能建筑，单位面积的供暖负荷减少了，其供水温度也会下降。

例如，在我国北方寒冷地区，使用普通的 R22 为工质的一级压缩机用于散热器系统供水温度 40℃，供回水温差 3～5℃时散热器的平均温度可达 37.5～38.5℃，维持室温 18℃时的温差 Δt=19.5～20.5℃，则选用一组四柱 813 型（一组 n 片）时的散热量为 $Q \cong n\times0.28\times2.047\times\Delta t^{1.35}=n\times31$(W)，若选 n=12 片，则 $Q\cong$373W，可供 50%节能楼房约 12m^2 房间供暖用。而该散热器总长度为 12×57=684(mm)，安装在窗台下合理。

又如，对于室外空气温度更低的寒冷地区，如北京的延庆县，其室外计算温度为−11.7℃，如果用空气源热泵供暖，其蒸发温度将是−23～−20℃，并且房间的采暖负荷也比较大，经计算单层住宅要达到 60W/m^2。所以，假设要求散热器的供水温度 t_g=60℃，回水温度 t_n=55℃，则热泵的冷凝温度要达到 65℃左右，所以，要选用补气增焓的以 R22 为工质的准二级压缩的空气源热泵为热源。(2015 年，艾默生环境优化技术有限公司信息。)

下面再以 $t_g=60℃$，$t_h=55℃$，$t_{pj}=57.5℃$为散热器表面平均温度，计算四柱813型散热器的散热量，设散热器片数为n片，则由表3.2得$K\approx7.44W/(m^2·℃)$，$Q\approx n\times0.28\times7.44\times39.5=n\times82.28(W)$，如$n$仍选12片，则$Q\approx987.4W$，可供上述地区$14m^2$的房间供暖使用。以散热器为末端的供暖系统，造价比热风供暖高，也不具备夏季空调的功能，但对空调要求不高的北方地区普通居民有广泛的适用性。

在大力推广建筑保温的形势下，散热器的供、回水温度可以大幅度降低，使空气源热泵这一清洁的、可再生能源有被采用的可能。根据已示范的部分工程统计，该系统在供暖期的节电率在50%左右。并且比燃煤炉供暖的室温平稳、舒适，估计会得到政府政策的支持。

三、空气源热泵低温地板辐射供暖

地面辐射供暖简称地面供暖，低温热水辐射供暖简称低温水地面供暖，是指以温度不超过40℃的热水为热媒加热地盘管中水循环的供暖方式。

辐射供暖是早在20世纪中期就已经在欧洲发展起来的一种技术。所谓辐射换热，是指在表面进行的传热方式，如房间内表面，它只与表面的相对位置、表面材料的物性、温度有关，而与其间所接触的空气无关。因此，它与前述热风供暖和散热器供暖不同，它不是先加热房间的空气，再由升温后的空气加热房间围护结构的各内表面。因而，辐射供暖比对流供暖可以获得较高的房间围护结构内表面的温度。理论与实践证明，房间内人体的热舒适性等感观温度，在没有吹风的情况下，可以式(3.3)表达：

$$t_{sh}=0.52t_r+0.48t_{pj} \tag{3.3}$$

式中 t_{sh}——人体的热舒适等感观温度，℃；

t_r——房间内（人体周围的）空气温度，℃；

t_{pj}——室内围护结构内表面平均温度，℃。

由式(3.3)可见，t_{pj}对于人体的热舒适起着重要作用，当获得相同的t_{sh}时，由于t_{pj}的提高，室温t_r可以相应地降低些，但相反，当室温较高，t_{pj}很低则人体有寒冷感。例如，刚取暖的新建房屋。

在辐射供暖方式中采用低温水地面供暖有更突出的优点，具体如下。

① 它合乎人体健康的要求，即温暖足底，可促进人体下肢血液回流，对老人尤其重要。在地面供暖时，对地表面有以下的温度要求，如表3.3所示，表中的温度是从人体卫生要求出发制订的。

表 3.3　地面供暖对地表的温度要求

区域特征	适宜温度/℃	最高温度/℃
人员长期停留	24～26	31
人员短期停留	28～30	32

在地面供暖时，房间中空气的温度场是上下比较均匀的，所以与对流或热风供暖相比，地面供暖使人的头脑更清醒。

② 清洁、卫生，没有吹风时带起的灰尘，没有散热器上的落尘，当然，也没有噪声。

③ 不占用房间有效利用面积，便于室内灵活隔断。

④ 节约耗热量，日本在标准建筑中对居室各部位的热损失做了关于风机盘管供暖与地板辐射供暖的对比，如图 3.7 所示。

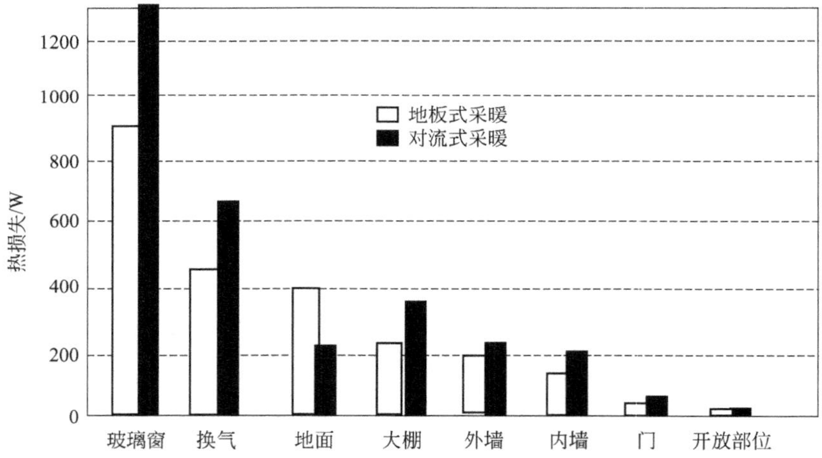

图 3.7　日本在标准建筑中的居室各部位测得的热损失

据报道，该建筑是二室一厅，按日本 1992 年节能标准Ⅳ类建造的木结构屋，室外计算温度为 4℃，地面采暖室温为 18℃，热风采暖的室温是 24℃，前者的热负荷为 2291W，后者则为 2902W，两者相差 21%。

⑤ 要求供水温度低，对于大部分气候区都可以使用空气源热泵为热源，尤其对寒冷气候区，由于供暖负荷大，时间长，除可节约煤炭、石油、天然气等高品位能源外，也可节约电力 50%以上，其初投资低于水源、土壤源热泵，运行费也相差不多，又便于分户计量，所以近年来在我国民用建筑中发展迅猛。

1. 地面供暖的典型结构与材料

本书仅介绍以热水为热媒的方案。

混凝土填充式地面构造，如图 3.8、图 3.9 所示，两图中的填充层和绝热层材料有所不同，关于使用材料的要求见“地面辐射供暖技术规程”。有混凝土填充层的地面供暖，由于填充层较厚重，所以加热时启动时间长，对于间歇性使用的供暖不太适用，但是蓄热性好，使供暖室温稳定性好，多用于居住建筑。

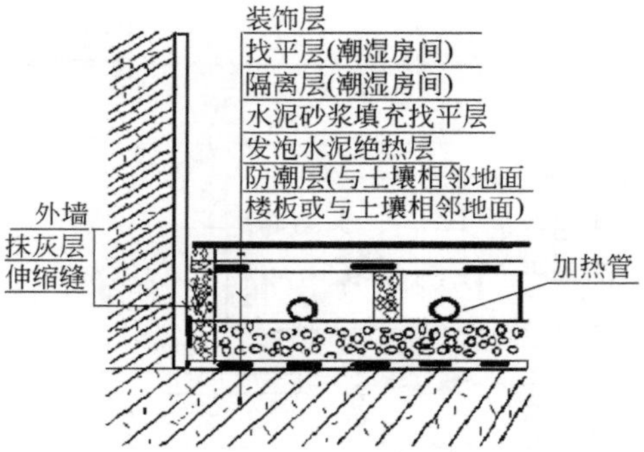

图 3.8 混凝土填充式热水供暖地面构造

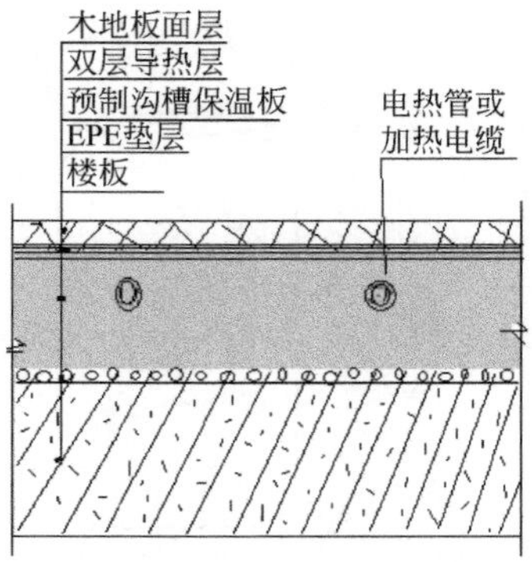

图 3.9 预制沟槽保温板供暖地面构造

图 3.9 给出了一种预制沟槽薄型地面供暖构造，它是在一种强度足够的预制沟槽的保温板上埋设管道的，现场施工时将各块预制板铺在土壤或楼板上，就可以省去现浇的填充层施工过程，所以施工快，总体厚度小，通常被称为薄型地板，因此它也可以克服上述填充层型地面供暖的启动慢的缺点，常适用于办公楼等公共建筑中，而且它的供水温度可以更低，更省能。

2. 空气源热泵地板空调

为了发扬地面供暖的诸多优点，又要保留风机盘管夏季空调的功能，我国在21世纪初就创造了空气源热泵地板空调。它的水系统分别通到地板中的水盘管和墙或顶上的风盘管中，如图3.10、图3.11所示，分为带有蓄水箱和不带蓄水箱两种模式。

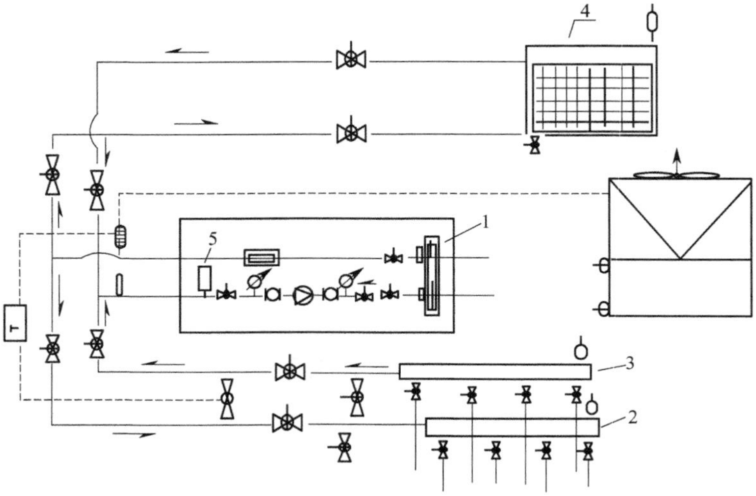

(a) 结构图

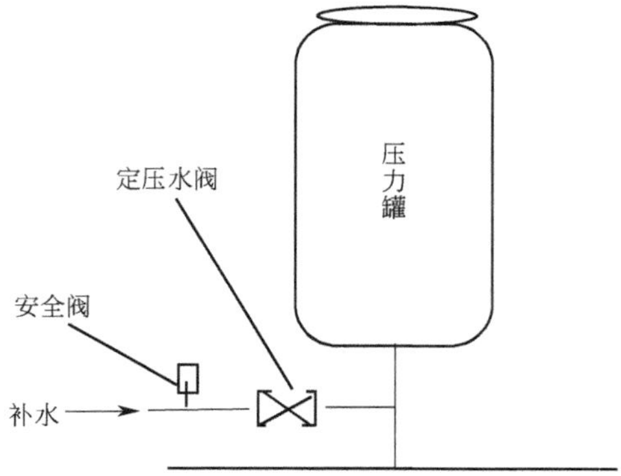

(b) 氮气罐局部

图3.10 带定压罐的承压式水系统

1—板式换热器；2—分水器；3—集水器；
4—风机盘管；5—氮气定压罐，连接放大见（b）

图 3.10 为带定压罐的承压式水系统，图 3.11 为带蓄水箱的承压式水系统，图中部件说明见表 3.4。

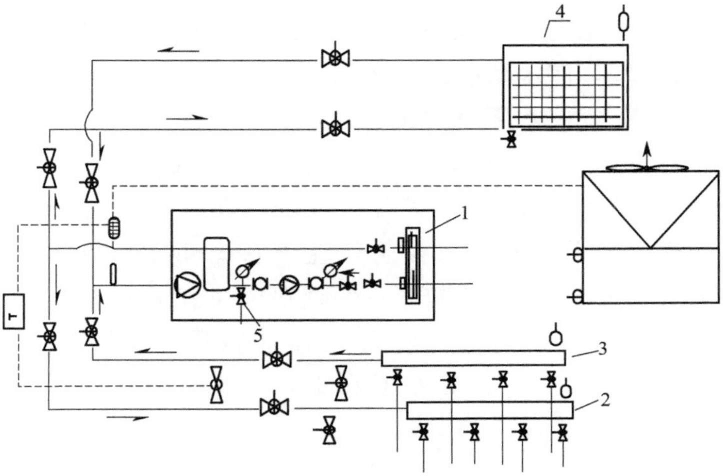

图 3.11　带蓄水箱的承压式水系统

1—板式换热器；2—分水器；3—集水器；4—风机盘管；5—补水、泄水、蓄水箱

表 3.4　部件说明

—RJ—	供水管		自动排气阀
—RH—	回水管		承压水箱
	软连接	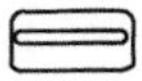	靶式流量计
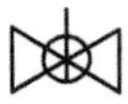	球阀	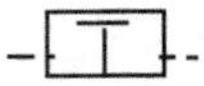	温度传感器
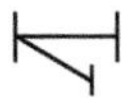	Y 形除污器(过滤器)	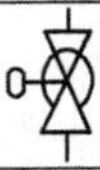	温度调节阀
	单向阀		压力表
	温度计		水泵

如图 3.10 所示，系统中的空气源热泵以板式热交换器与水路进行氟/

水热交换，换热器的水侧的回水管上装有过滤器，水泵前有定压罐、补水阀、泄水阀，后有单向阀，供水管上装有靶式流量计控制压缩机启动，防止水管内充满气体冻坏板式换热器，当系统中设有承压水箱时，如图3.11所示，则无须装定压罐和靶式流量计。因为水箱作为扩大了的定压罐，既定压又排气，使水系统运行平稳得多。

如图3.11所示，水系统中的供、回水管分为并排的上、下两支路，两支路上各装一对球阀，向上的支路通到风机盘管，向下支路通往地面供暖的集分水器，再由集分水器通往地板中的水盘管。上支路一般在夏季通冷水用，要注意在与风盘连接时供水管在下，回水管在上，以便排除风机盘管中的空气，在通到风机盘管前的管道上还设有手动调节阀，下分支路在通到集分水器前也同样装有一对手动调节阀，一般集水器安装在上，分水器在下，在集、分水器上有自动排气阀，下有泄水阀。

第三节　空气源热泵地板供暖在北方寒冷地区应用的节能性与适用性

我国建筑能耗占全社会总能耗的25%左右，其中，北方地区采暖能耗又占据20%，农村大于城镇。由于集中供暖只占城镇供暖的70%，其他为分散供暖，尤其是农村小煤炉供暖，燃煤或秸秆不仅给环境带来大量的、长期的污染，而且效率不高，给资源造成极大的浪费。因此，如何利用清洁、可再生能源，提高能源的利用率，改进采暖技术、设施，从而在满足人民生活舒适条件的同时，节约能源消耗，减少污染排放，这是建筑节能中的重要任务。而且重点应着眼于北方寒冷地区的分散供暖。

一、在寒冷地区采用空气源热泵地面采暖的节能性与舒适性

热泵是20世纪80年代以来，在我国逐渐被广大民众所认知的，并且应用越来越广。以空气为低温热源的空气源热泵与水源、土壤源热泵相比有唾手可得、不影响自然资源，能够冷、暖合一，便于分户计量，自主调节的优势。但是，直到21世纪初，科技界才开始对应用空气源热泵在寒冷地区供暖的适宜性有了统一的认识，并于2015年完成了空气源热泵低

温热水地面供暖的技术规程。

1. 低温热水辐射供暖地板的表面温度

上文论述了辐射地板供暖的表面温度 t_b 及室温 t_r 的规范值，本节讨论其计算方法。

辐射供暖地板上表面温度 t_b 是由房间供暖热平衡决定的，其中地面向上的单位面积散热量：

$$q=q_d+q_f \tag{3.4}$$

式中，q_d 为单位面积对流散热量，W/m^2；q_f 为单位面积辐射换热量，W/m^2。

$$q_d=2.13(t_b-t_r)^{1.31} \tag{3.5}$$

$$q_f=5.67\left[\left(\frac{t_b+273}{100}\right)^4-\left(\frac{t_{pj}+273}{100}\right)^4\right] \tag{3.6}$$

式中，t_{pj}为非加热围护结构内表面的平均温度，℃。它是室内诸非加热内表面的温度按面积大小的加权平均值，即

$$t_{pj}=\frac{\sum t_F A}{\sum A} \tag{3.7}$$

式中　A——室内各非加热表面的面积，m^2；

t_F——室内各非加热表面的温度，℃。

1989年陆耀庆主编的《供暖通风设计手册》中（以下简称《手册》）提出，对 t_F 的计算：

$$t_F=t_r-\frac{K}{9.4(t_r-t_w)} \tag{3.8}$$

式中　t_r——室内空气温度，℃；

K——非加热面的传热系数，$W/(m^2 \cdot ℃)$；

t_w——室外温度，℃。

显然，式(3.8) 是将向外有传热的一切非加热内表面与室内空气的换热系数作为常数 $9.4W/(m^2 \cdot ℃)$ 处理的，对于邻界室内的表面《手册》给出：

$$t_F=t_r \tag{3.9}$$

利用式(3.4)～式(3.9)，可求出不同供暖负荷下的辐射地板上表面温度 t_b。

2011 年北京市在其颁布的《地面辐射供暖技术规范》（以下简称《规范》）一书中，提出了与式(3.5)、式(3.6) 基本相同的计算公式，并参照《手册》给出以下的拟合公式，计算地板表面平均温度 t_b，即

$$t_b = t_r + 9.82\left(\frac{\beta q}{100}\right)^{0.969} \tag{3.10}$$

式中 β——考虑家具遮挡对地面负荷的修正系数；

q——根据房间负荷需要确定的单位地板面积向上的散热量，W/m^2。

为了深入了解以北京地区为代表的现有多数按 1996 年建设部颁布的《民用建筑节能设计标准》（以下简称《标准》）建造的房屋，特别是民用多层住宅中使用地暖的运行参数，如不同室外温度、室温、负荷下的非加热表面的平均温度 t_{pj} 及地板上表面的平均温度 t_b，利用式(3.4)～式(3.9) 进行了计算，为计算过程方便，将式(3.5)、式(3.6) 以换热系数形式处理并归一化，即

$$\alpha_d = 2.13(t_b - t_r)^{0.31} \tag{3.11}$$

$$\alpha_f = \left(\frac{5.67}{t_b - t_r}\right)\left[\left(\frac{273 + t_b}{100}\right)^4 - \left(\frac{273 + t_{pj}}{100}\right)^4\right] \tag{3.12}$$

$$\alpha_{总} = \alpha_d + \alpha_f$$

结果列于表 3.5 中 1～10 项。

2. 地板辐射供暖的水温

(1) 三种典型结构　以水盘管作为辐射供暖的放热部件时，其供水温度与地板表面温度之差，首先是与地盘管的热负荷密切相关，其次与水至地板表面的热阻及盘管向下的热阻有关，一般取向下的传热为水盘管散热量的 10%～15%，设置其下部的热阻，而向上的热阻又与水盘管内的流量、直径、材料、壁厚、间距、覆盖层材料厚度及装饰面层的厚度及物性有关，为此，选用三种典型的地板结构如下。

Ⅰ型为混凝土填充层地板（图 3.12），简称普通水盘管的厚型辐射供暖地板，上铺陶瓷砖；Ⅱ型为预制沟槽薄型辐射供暖地板（图 3.13）；Ⅲ型为无覆盖层的厚型地板（图 3.14）。

表 3.5　不同类型辐射地板单位面积散热量下的性能参数

序号	项　目	单位	采暖季不同阶段室外平均温度									备注
1	月份		3 月下	3 月上	11 月	12 月上	2 月下	12 月下	2 月上	1 月下	设计工况	
2	月平均室外温度	℃	8	7.3	5	1.2	0.1	−2.1	−3	−5	−9	
3	单位地板面积所需散热量 q	W/m^2	24	25.68	30.6	40.56	42.96	48.50	50.4	54.30	65.00	
4	地板表面平均温度 t_b	℃	21	21.2	21.75	22.78	23.03	23.6	23.79	24.18	25.22	
5	按照式(3.10)计算的地板表面温度	℃	20.46	20.63	21.12	22.10	22.33	22.87	23.06	23.44	24.47	
6	邻外非加热表面平均温度参考值 t_{pj}	℃	16.48	16.40	16.02	15.44	15.30	14.90	14.80	14.50	13.60	
7	非加热表面平均温度 t_F、t_{pj}	℃	17.60	17.60	17.50	17.35	17.32	17.22	17.20	17.12	16.89	
8	对流传热系数	$W/(m^2 \cdot K)$	2.99	3.05	3.21	3.50	3.51	3.63	3.67	3.75	3.93	
9	辐射传热系数	$W/(m^2 \cdot K)$	4.97	4.98	4.99	4.97	5.02	5.04	5.03	5.04	5.07	
10	总传热系数	$W/(m^2 \cdot K)$	7.96	8.03	8.20	8.47	8.53	8.67	8.70	8.79	9.00	
11	厚型地板水至地面的温差	℃	2.47	2.64	3.15	4.17	4.42	4.99	5.18	5.59	6.68	Ⅰ型
12	厚型地板供回水平均温度	℃	23.47	23.84	24.90	26.95	27.45	28.59	28.97	29.77	31.90	
13	薄型地板水至地面的温差	℃	1.26	1.34	1.60	2.12	2.25	2.54	2.64	2.85	3.40	Ⅱ型
14	薄型地板供回水平均温度	℃	22.26	22.54	23.35	24.90	25.28	26.14	26.43	27.03	28.62	
15	厚型无覆盖层水至地面的温差	℃	1.52	1.63	1.94	2.57	2.72	3.07	3.19	3.44	4.11	Ⅲ型
16	厚型无覆盖层供回水平均温度	℃	22.52	22.83	23.69	25.35	25.75	26.67	26.98	27.62	29.33	

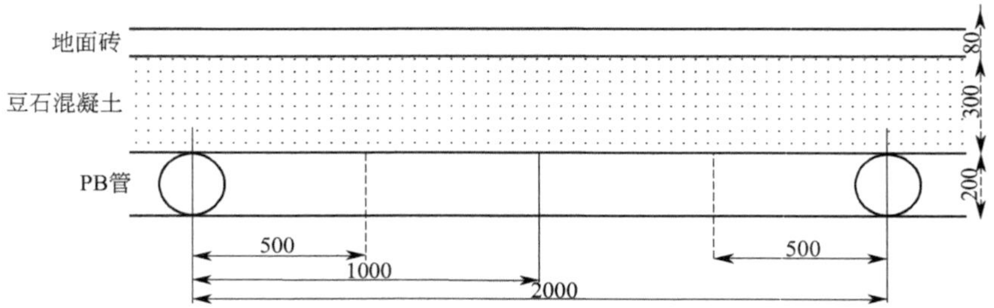

图 3.12 普通水盘管的厚型辐射供暖地板上铺陶瓷砖（Ⅰ型）

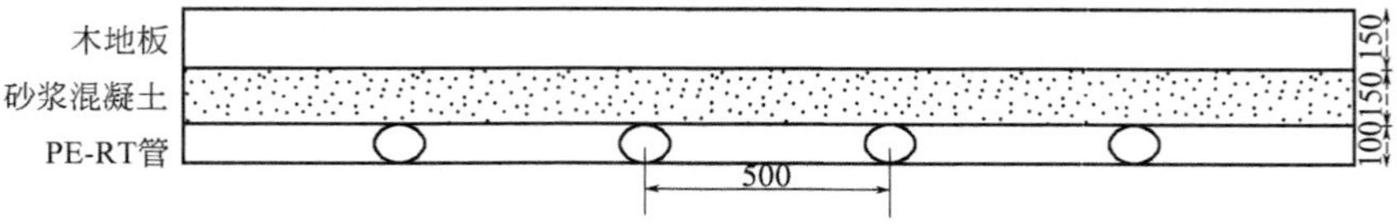

图 3.13 预制沟槽薄型辐射供暖地板结构（Ⅱ型）

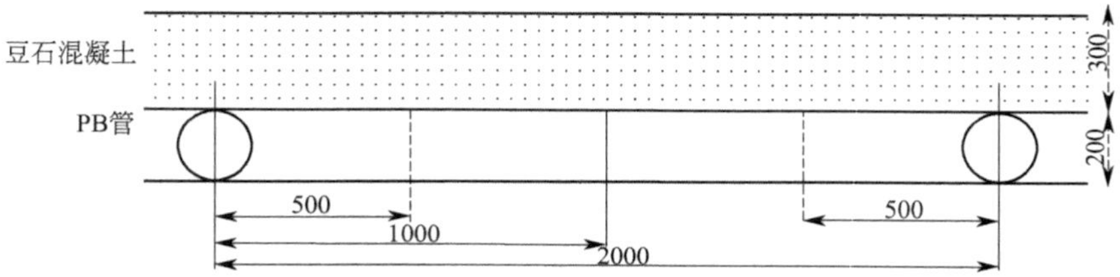

图 3.14 无覆盖层的厚型辐射供暖地板（Ⅲ型）

Ⅰ、Ⅱ、Ⅲ型三种供暖地板各组成部分的材料物性参数，列于表 3.6 中。

表 3.6 不同形式地板的各组成部分参数

名　　称	厚型地板	薄型地板	厚型无地砖地板
管壁材料热导率 λ_1	0.513W/(m·K)	0.4W/(m·K)	0.513W/(m·K)
豆石混凝土和地面砖归一热导率 λ_2	1.279W/(m·K)	0.89W/(m·K)	1.279W/(m·K)
水盘管外半径 r_w	10mm	5mm	10mm
水盘管内半径 r_n	8mm	3.5mm	8mm
从地面到管中心的埋深 a	0.065m	0.0617m	0.04m
加热管中心距 b	0.2m	0.05m	0.2m
管壁热阻 R_1	0.435m^2·K/W	0.89m^2·K/W	0.435m^2·K/W

续表

名　称	厚型地板	薄型地板	厚型无地砖地板
填充层及地面砖归一的热阻 R_2	2.01m² · K/W	3.6m² · K/W	1.63m² · K/W
相邻各管之间的附加热阻 R_3	0.138m² · K/W	1.1m² · K/W	0.06m² · K/W
陶瓷面砖热阻 R	0.02m² · K/W	0.0525m² · K/W	0
ΣR	2.603m² · K/W	5.59m² · K/W	2.125m² · K/W
t_r	18℃	18℃	18℃

（2）水温的计算公式　式(3.13)是建立水盘管每米管长向上的散热量 Q 与平均水温 t_s 和地板上表面温度 t_b 的关系式：

$$Q_m=(0.85\sim0.9)\times\frac{2\pi(t_s-t_b)}{\frac{1}{\lambda_1}\ln\frac{r_w}{r_n}+\frac{1}{\lambda_2}\ln\frac{2a}{r_w}+\frac{1}{\lambda_2}\ln\sqrt{\left(\frac{2a}{b}\right)^2+1}} \tag{3.13}$$

式中　0.85～0.9——考虑向下散热10%～15%的系数；

t_s——盘管内水的平均温度，℃；

Q_m——每米管长的散热量，W/m；

t_b——地板表面平均温度，℃；

λ_1——PE-X管壁材料的热导率或PE-RT管壁材料的热导率，W/(m · K)；

λ_2——豆石混凝土填充层及地面砖归一的热导率或砂浆混凝土填充层及地面装饰层归一的热导率，W/(m · K)；

r_w——PE-X或PE-RT管道外半径，mm；

r_n——PE-X或PE-RT管的内半径，mm；

a——从地表面到管道中心线的埋设深度，m；将地面装饰层厚度折算为填充层，可求出当量厚度 δ；

b——管子中心线间的距离，m；

$R_1=\frac{1}{\lambda_1}\ln\frac{r_w}{r_n}$——PE-X或PE-RT管的热阻，m² · K/W；

$R_2=\frac{1}{\lambda_2}\ln\frac{2a}{r_w}$——填充层为豆石混凝土及地面砖归一的热阻或水泥砂浆混凝土填充层及地面砖归一的热阻，m² · K/W；

$R_3=\frac{1}{\lambda_2}\ln\sqrt{\left(\frac{2a}{b}\right)^2+1}$——邻近各管相互影响引进的附加热阻，$m^2\cdot K/W$。

对于Ⅰ、Ⅱ、Ⅲ型地板以上各项参数取值列于表3.5中11～16项。

要注意的是，式(3.4)及式(3.5)中的q单位是W/m^2，而式(3.13)中的Q_m的单位是每米管长的散热量W/m，所以，$q=1/b\times Q_m$。

利用表3.6中的数据及式(3.13)进行计算得出，如表3.5中各项q值和t_b对应的三种地板形式中水盘管的供回水平均温度列于表3.5的11～16项，由表3.5可见，由水至地面的温差最大的是Ⅰ型，即有陶瓷砖的厚型；其次是Ⅲ型，即无表层的厚型；而Ⅱ型最小，原因是：虽然它有实木装饰层，但它的管间距小。从表3.5还可看出：采暖设计温度下，Ⅰ型地板供、回水平均温度31.9℃。如果供、回水温差为5℃，则供水温度不超过35℃，所以在北京地区为代表的以热水辐射地板供暖时其供、回水温度可以30～35℃设置，而水量以供、回水温差小于5℃为宜，以便与热泵的冷凝器对接并获得地板表面温度均匀的效果。

由表3.5还可见，当$t_r=18$℃，所得t_{pj}多数天气为17.5℃，则$t_{sh}=0.52\times18+0.48\times17.5=17.76$(℃)，满足舒适要求。

在室外温度为-9℃时，$t_{sh}=0.52\times18+0.48\times16.9=17.47$(℃)，也满足舒适性要求。而当天气最冷时，$t_b$最高为25.22℃，满足卫生要求。

将表3.5采用的相同数据，代入《规范》中的相关公式(3.10)，得出的地板表面温度t_b与本书计算结果相比稍低，但总体来说，以辐射地板供暖作为末端时，采暖期地板表面所需达到温度都不超过规定值。关于辐射地板表面的最高允许温度，目前国内外多数认为其值为29℃，一般为24～26℃。表中$\alpha_{总}$最大为9W/($m^2\cdot$℃)，《ASRHAE手册（1997版）》给出的是9.09W/($m^2\cdot$℃)。需要说明的是，由于房屋的热惰性及地板的蓄热性大，以所述的阶段平均室外温度为准讨论热泵运行工况，也有较大的参考价值。

二、空气源热泵地板辐射供暖

1. 在低温下供暖的可行性

空气源热泵热水供暖，在一般的产品样本中是以室外温度5～7℃，供水温度45℃作为标准工况，并给出相应的供热量。这是适应以风机盘管为末端装置时的需要。因为供水温度再低，人体会有吹冷风感，同时，一般产品样本还指出其工作室外温度最低为−5℃，因为如果室外温度再低，压缩机的工作压差或排气温度已经超过标准值。但是在符合寒冷地区50%以上的节能建筑中，例如，供暖设计负荷为54W/m^{2}的北京地区采用Ⅰ型辐射地板供暖，地板中的平均温度不超32℃，由于该水温与热风供暖的要求相比低了10℃左右，因而，其工作室外温度也大致可低10℃左右，即−15℃。因为平均32℃对应的冷凝温度不超过13.8kg/cm^2，在−15℃时其蒸发压力不低于2.26kg/cm^2，故其最大压差为11.54kg/cm^2，压缩比小于6.1，符合规范值。所以，说明在寒冷地区采用辐射地板供暖，以空气源热泵为热源是可行的。

2. 早期的工程实例及能效比

实测案例作为示范案例一，以2001～2002年冬季由某集团和中国家用电器研究所监测的数据为依据，说明如下。

该测试地点为北京市××集团建设的××花园甲区11号405室住宅，建筑面积88m^2，西南向中间层，外墙200mm混凝土内5cm聚苯乙烯板保温，单框双安外窗，地板中水盘管使用PB管、间距200mm、采暖设计负荷3101W，合每平方米建筑面积35W，实铺辐射地板面积约为60m^2，折合每平方米地板面积的设计负荷51.8W，在西向窗下安装北京××技术研究所生产的FRS-6，即2.5hp空气源热泵热水机组为热源。

为了说明该项技术应用的实际情况，自2001～2002年全冬季进行室温控制下的供、回水温度及热泵耗电量的记录，在测试前经过家电所标定，其中记录温度为铂电阻温度计。2002年1月23日至2月14日，耗电量由家用电表人工抄记改用家电所提供的耗电功率自记仪记录（见表3.7），全过程由该集团两名工程师监测。由表3.7可知，1月23日至2月6日共计15天的室内、外温度数据中，平均室外气温为0～3℃，代表了北京冬季较冷的天气，室温为20℃左右。采暖负荷每平方米约为27～28W，合每平方米地板向上散热量为40W左右，测试结果总耗电量为260.5kW·h，供热量总计661.5kW·h，折合每平方米一个采暖季耗电29.4kW·h。

其间热泵供暖系统的能效比为2.53，供水温度最高33℃，与预测值相接近。如果仅计空气源热泵，则其COP应为2.6～2.7，室温见12月30～31日记录（表3.8）。

表3.7 ××花园甲区11号405室2002年1月23日至2月14日室内、外温度及耗电量

日期	平均室温/℃	室外温度范围/℃	耗电量/(kW·h)
1月23日	20.7	−3.5～5.9	20.44
1月24日	20.4	−5.5～4.2	19.43
1月25日	20.5	−1.9～1.2	22.57
1月26日	20.2	−3.2～4.2	20.67
1月27日	20.4	−4.6～5.6	17.82
1月28日	20.4	−4.1～5.1	19.08
1月29日	20.4	−0.2～7.3	15.14
1月30日	20.3	−2.6～6.8	17.09
1月31日	20.1	−4.1～9.6	17.04
2月1日	20.4	−0.7～9.3	15.10
2月2日	20.5	−2.8～10.8	15.53
2月3日	20.1	−2.2～8.8	12.67
2月4日	19.7	−1.0～11.8	14.32
2月5日	20.1	−1.5～10.2	17.02
2月6日	20.4	−2.0～11.6	16.62
2月7日	22.2	−1.5～8.4	21.17
2月8日	20.8	−0.5～9.3	24.87
2月9日	19.7	−4.0～2.8	37.76
2月10日	20.0	−7.1～7.8	37.78
2月11日	21.4	−1.6～8.6	25.92
2月12日	21.8	−2.4～11.6	22.27
2月13日	21.7	−2.9～6.3	23.42
2月14日	21.8	−2.2～7.7	21.91

表 3.8　××花园甲区 11 号 405 室 2002 年 12 月 30 日 8 时～12 月 31 日 8 时室外气象、室温及耗电量记录

天气状况	白天:晴转多云　最高气温:2℃										室温设定			
	夜间:晴　最低气温:−8℃										20℃			
时间	8	9	10	11	12	13	14	15	16	17	18	19	20	21
1#	17.85	18.2	18.4	18.5	18.35	21.25	19.85	19.2	19.7	18.95	21.65	19.35	23.3	19.55
2#	18.15	18.3	18.45	18.55	18.6	18.65	18.15	17.95	17.9	17.7	17.6	17.65	17.8	17.65
3#	19.08	19.2	19.32	19.44	19.32	13.68	20.04	19.68	20.28	19.44	22.44	19.92	24.0	20.04
4#	18.96	19.2	19.44	19.68	19.32	19.68	18.96	18.72	18.96	18.72	18.96	18.72	18.84	18.84

天气状况	白天用电				夜间用电				全天用电			
	5kW·h				4kW·h				9kW·h			
时间	22	23	24	1	2	3	4	5	6	7	均值	修正值
1#	25.05	19.8	27.4	26.35	19.8	19.6	25.45	23.3	18.8	18.5		
2#	17.65	17.6	17.65	17.75	17.65	17.8	17.7	18.4	17.45	17.9	17.9	19.0
3#	25.68	20.4	27.8	27.12	19.68	18.69	25.6	22.4	18.72	18.48		
4#	18.84	18.84	18.48	18.6	18.56	18.72	18.84	18.78	18.9	18.9	18.51	18.95

注:1#、2#、3#、4#为各房间传感器。

3. 国家权威单位的测试结果

2002 年 2 月，由中国家用电器研究所对北京某研究所送检的 2.5hp 小型空气源热泵热水机进行性能测试，结果列于表 3.9。

表 3.9 中国家用电器研究所对北京某研究所 2.5hp 热泵热水机组的检测报告

序号	室外温度/℃	出水温度/℃	消耗功率(含风机、水泵)/W	制热量/W	性能系数 COP
1	−2	34.3	1917	3832	2.00
2	−7	33.5	1780	3421	1.92
3	−10	32.1	1741	3695	2.12
4	−15	34	1734	2600	1.50

由表 3.9 可见，以 35℃左右的供水温度在−15℃的室外温度下，其能效比为 1.5，即仍节电 30%以上。

2005 年颁布的《公共建筑节能设计标准》DBJ 01-621—2005 提出，当冬季空调设计温度下（北京地区为−9.8℃），空气源热泵的能效比低于 1.8 时，则不宜采用，由表 3.9 可见，在室外温度−10℃下，被测机组含风机水泵在内的系统 COP＝3695/1741＝2.12，符合该标准的要求。

4. 以地板供暖为末端的空气源热泵额定供热量的确定

为了保证冬季最低室外温度下，空气源热泵能安全运行，其额定供热量应按式(3.14) 计算，并从产品样本中选择机组型号：

$$\text{机组容量}=\frac{\begin{matrix}\text{当地用户建筑中}\\\text{地板采暖设计负荷}\end{matrix}\times\begin{matrix}\text{用户的建筑面积(或相应的}\\\text{地板面积承担的负荷)}\end{matrix}}{1-\beta}\times 0.85-0.9\times(1+\alpha) \tag{3.14}$$

式中 β——供热量随室外温度下降的百分率，见图 3.15，该图是根据家电所测试数据整理的；

α——根据当地气象条件及机组的除霜方法确定的附加系数，如我国长江流域对于定时除霜的机组，α 可取 10%左右。

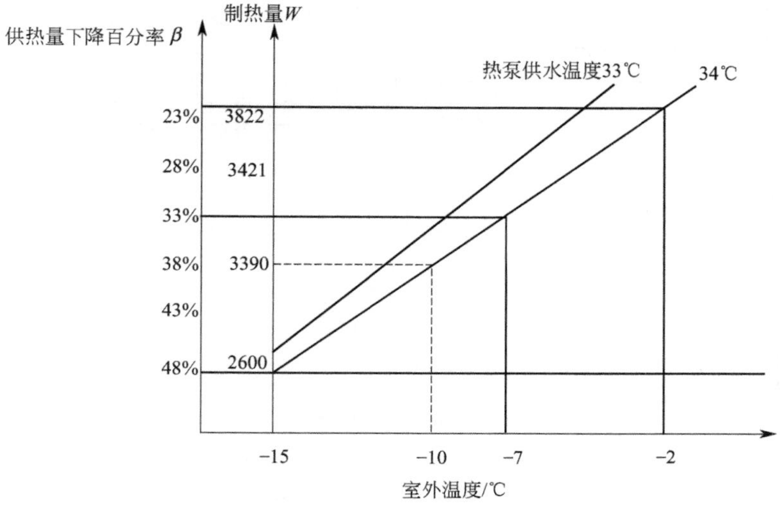

图 3.15　早期小型空气源热泵热水机组热特性

第四节　空气源热泵的冲霜问题

一、空气源热泵的室外热交换器

在空气源热泵机组中，室外热交换器的作用是在冬季供暖时，从室外空气中吸取热量。它是供暖的源头，当然其工作正常与否是十分重要的。这类热交换器都是利用图 3.16 所示的铜管铝片串成的翅片管，铜管为横置带 180°弯管，也称蛇形管。铝翅片为垂直铜管方向串片，用以扩大铜管的换热面积，带翅片的管，可以是三排。由于室外空气在风机的作用下横向冲刷翅片管，所以管子是如图 3.16 所示交叉排列的，以使各排管获得较大的冲击力，提高传热强度。

利用上述的一类热交换器怎样获得空气中的热量呢？下面举例说明。例如，室外气温为−12℃，即室外翅片管换热器外表面进口空气温度为−12℃，出口空气温度假定为−20℃，如热泵机组采用 R22 为制冷剂，制冷剂在铜管内蒸发，由液体变成气体，温度不变，如为−25℃压力为 2.0kg/cm^2 左右，则其热交换的对数温差为 $\Delta t=\dfrac{13-5}{\ln(13/5)}=8.3$(℃)，符合有关标准规定。

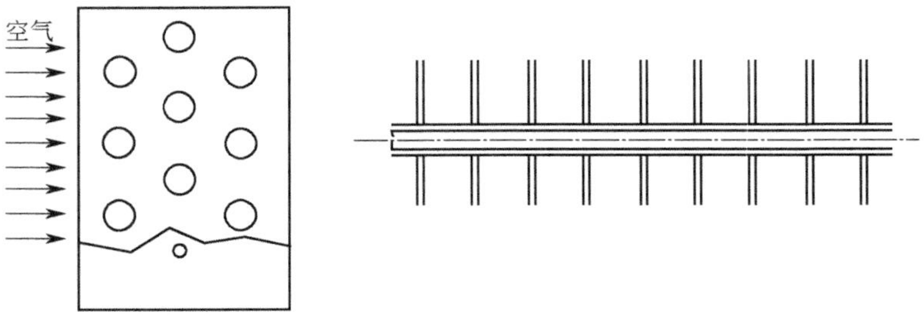

图 3.16　翅片管式热交换器

二、结霜问题

由于存在温差，翅片管中的制冷剂以蒸发过程吸收热量，所以称为蒸发器。为什么蒸发器有时会结霜，结霜以后又有什么坏处？霜是空气中的水汽凝结在低于 0℃ 的固体表面上形成的。图 3.17 显示在不同相对湿度下，空气温度与露点的关系。

而如前所述翅片管上的平均温度比吹过它的室外空气低 8～12℃，所以通常认为，当室外空气温度小于 5℃ 时，翅片开始结霜，并产生除霜问题。

上述的翅片管上，翅片的间距通常只有 2～4mm，一旦开始结霜会糊住通风道，则热泵就不能从空气中获得足够的热量。同时蒸发压力和蒸发器温度不断降低，结果结霜更严重，直至翅片管间糊满冰霜，空气不能通过，回到压缩机的压力也几乎为 0，使压缩机不能工作，甚至烧毁。

结霜不是在某时刻瞬时发生的，因为翅片管热交换器上的温度是由铜管至铝片逐渐升高的，最低的温度是铜管表面，最先结霜的也是串着铝翅片的铜管，其后依次是铝翅片的根部、铝翅片的尖部。从结霜发生到霜把翅片间的空隙堵死有一个时间过程，并不是在某一时刻突然发生的。

结霜的条件：一是空气中有一定的水汽，即所谓有一定的含湿量；二是管及翅片上的温度低于 0℃，如高于 0℃ 只会结露，结露时，露水蒸发可以放出热，是有利于热泵吸热的。当空气温度高于 8℃ 时，即使相对湿度为 100%，可能只结露不结霜；当室外温度略小于 8℃ 时，可能只有铜管上结霜；空气温度低于 5℃ 时，翅片管（包括翅片）的温度都在冰点以下，所以结霜开始严重。

如图 3.17 所示，当室外空气温度为 5℃或稍低时，其露点温度为 0～5℃（分别对应相对湿度 70%～100%），而此时由管子到翅片的温度会依次低于 0℃，从而出现结霜。而空气温度稍高于 8℃时，由于管子与翅片温度可能依次高于 0℃，但却低于空气露点，因而会产生结露现象。

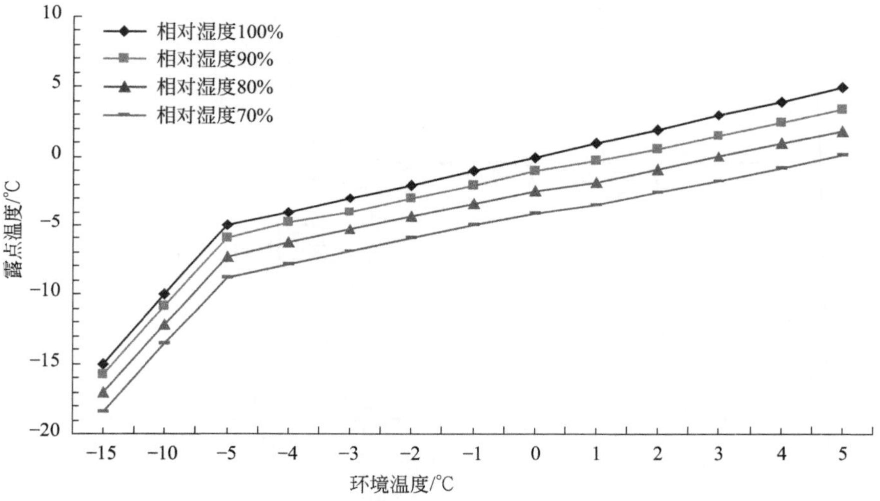

图 3.17　在不同相对湿度下，露点温度随室外温度的变化情况

但空气温度低于 5℃之下，并不是愈低结霜愈严重。图 3.18 表示出不同的相对湿度下，空气中的绝对含湿量随空气温度的下降而下降的情况。

如图 3.18 所示，空气中的含湿量随室外温度降低而降低，至－10～－15℃时，无论相对湿度多高，空气中的绝对含湿量都小于 1.5g/kg，即很少，即使结霜也不足为患。

图 3.19 是对空气源热泵在不同外界气候下实测的铜管、铝翅片上的结霜状况的描述。

由图 3.19 可见，空气温度高于 8℃时，基本无结霜现象；而空气温度接近 0℃时，仅在高相对湿度下有结霜。结霜现象绝大部分发生在 1～5℃，当相对湿度较高时，铜管与翅片都结霜；当相对湿度不很高，如 50%～80%，发生的是 U 形管结霜。

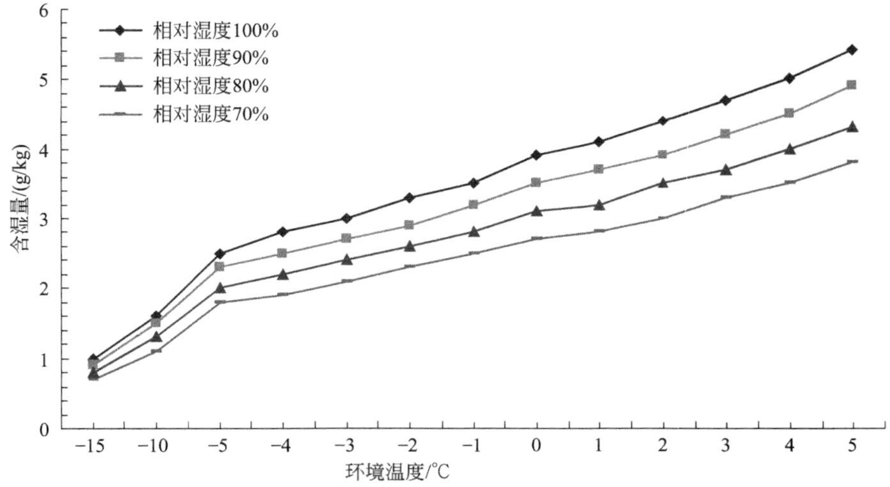

图 3.18　在不同相对湿度下，含湿量与空气温度的变化关系

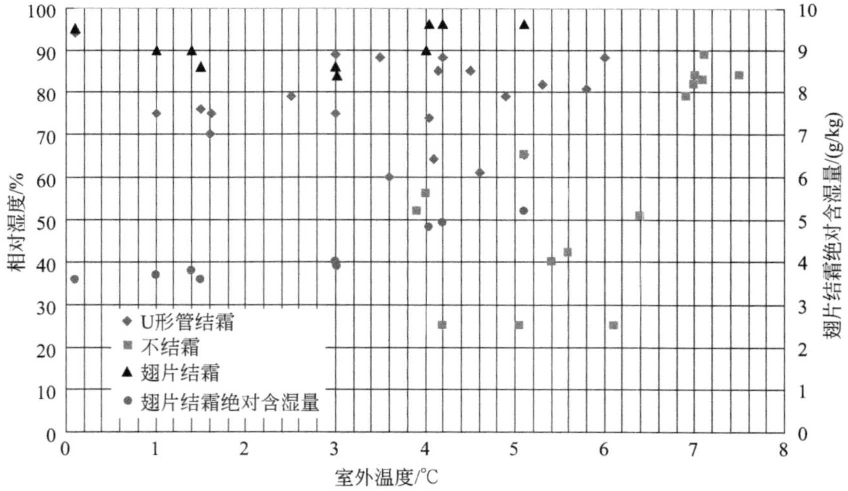

图 3.19　外界气候与结霜状态关系

通过以上分析，可得出如下结论：

① 除霜问题是空气源热泵技术中的重要问题，目前还有待进一步寻求更好的技术、产品；

② 除霜是在一定的气候条件下才出现的，并且是有周期再现性的；

③ 寒冷地区热泵结霜与除霜并不出现在供暖负荷最大时，也就是说

不必顾虑在寒冷地区低温及结霜双重不利因素下运行；

④ 空气源热泵地板辐射供暖方式中，地板有较大的蓄热性，短时的除霜过程对室温不产生什么影响；

⑤ 冬季雪天由于室外热交换器在风机的作用下将雪花吸到翅片管上也会发生严重结霜状况，此时应及时启动“强制除霜”控制功能；

⑥ 除霜过程会产生大量的冷凝水，应有及时排除的技术措施，否则冰霜会从室外机翅片管底部往上堆积，甚至打碎风机叶片。

第五节　主、被动太阳能、空气源热泵辐射地板优化集成供暖系统

为了有效改善大气环境，显著降低室外空气中 PM2.5 的含量，响应国家治理大气污染行动的号召，由清华大学建筑学院等四单位合作研制生产主、被动太阳能、空气源热泵辐射地板集成供暖系统，于 2013～2014 年冬，在北京××有限公司职工宿舍楼二层的两间南向毗邻的房间进行了工程示范。

一、示范建筑概况

示范建筑位于宿舍楼二层南向毗邻的两间房间，该楼二层以上有南阳台，阳台外上为单层玻璃窗，下为混凝土板，阳台地板下为室外。该房建于 2003 年，估计节能指标为 50%。两间宿舍宽 4m，进深 5m，阳台深 1.5m，房净高 2.9m，冬季原为热水暖气系统，试验在停止这两间房供暖一周后进行。由于试验时临近元旦，该宿舍住人不多，除示范用房停暖外，其余房间暖气运行处于维持值班状态。其南向外观与建筑平面如图 3.20、图 3.21 所示。

二、供暖系统——多热源、错时、互补、链接末端集成系统

1. 被动式太阳能供暖系统

被动式太阳能供暖系统是供暖的第一热源，它主要由原有建筑封闭阳台，原有南窗（面积 7.5m^2，遮挡系数 0.7）组成，对其尽可能改造成阳光间，即进行了如下改造。

① 在原有通长阳台窗下护板上加装了 5cm 挤塑保温板；

图 3.20　主、被动太阳能、空气源热泵供暖系统外观

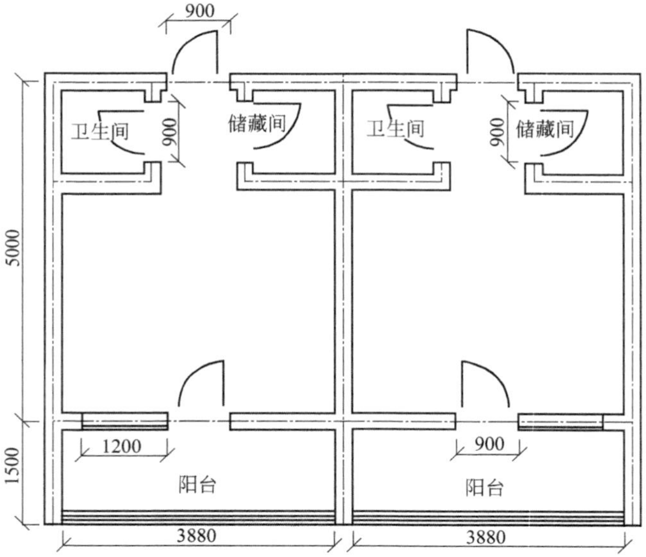

图 3.21　示范建筑平面

② 在南窗上加装了夜间保温帘，该帘为两层构成，外层为镀铝布，铝膜朝外，内层为半透气帘，两者之间有 3～5cm 竖向空气间层；

③ 在阳台楼板上面加装预制薄型辐射地板，扩大房间使用面积，底部从室外加装 5cm 挤塑保温板（该楼一层没有阳台，且一楼房间白天大部分时间被前面的三层楼遮挡）；

④ 阳台与室内间隔一门、一窗，门 1.69m^2，上有 0.43m^2 上亮，窗为单层玻璃 1.4 m×1.4m（即 1.96m^2）推拉窗，为了减少改造工作，仅以白天打开通阳台的门和推拉窗，让阳光通过阳台照到室内。因此，它并不是标准的被动房的阳光间构造。

2. 主动式太阳能集热器及蓄热水箱——横置真空管太阳能集热器

横置真空管太阳能集热器是供暖的第二热源，它由横置真空集热管，带倾角的蓄热水箱构成，整体倾角 60°，1 号（西）为方形水箱，热管式真空集热管，容积 200L，揽光面积 3.48m^2；2 号（东）是玻璃真空集热管，水箱容积 200L，揽光面积 3.52m^2，改造的阳光间和太阳能集热器，见图 3.22、图 3.23。

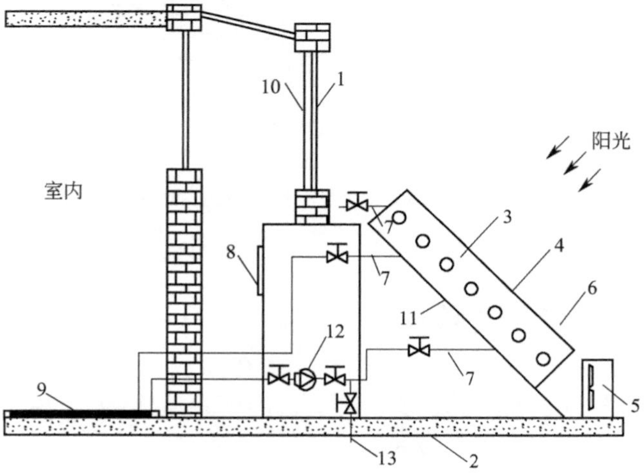

图 3.22　横置真空管太阳能集热装置

1—单层南向玻璃窗；2—南向窗下室外侧承重挑台；3—东西向横置真空集热管；4—蓄热水箱；5—空气源热泵室外机；6—蓄热水箱；7—蓄热水箱背面的供水管、回水管、补水管、放气管；8—南向窗下室内侧装饰柜；9—辐射采暖地板中的水盘管；10—南窗保温帘；11—南向窗下室外侧坎墙斜面；12—水泵；13—泄水阀

该横置的真空管集热器，解决了如下的现有太阳能家用热水器及太阳能集热系统存在的问题：

① 在寒冷地区冬季置于室外，尤其是屋顶上的上述装置，为防止冻结而加装的伴热带耗电大、寿命短、不易控制，一旦失控冻坏管道、阀

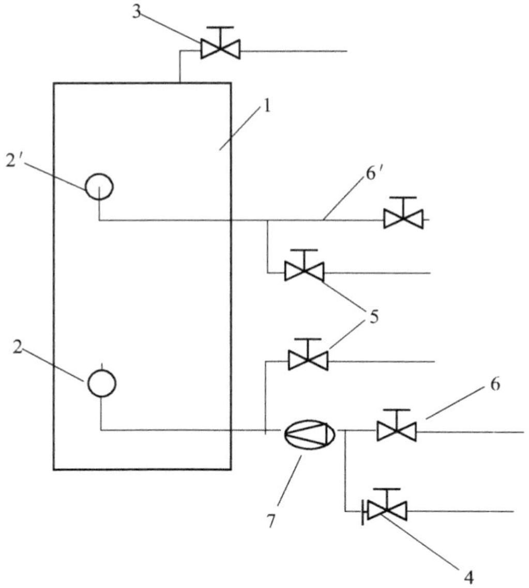

图 3.23　蓄水箱背面管道

1—蓄热水箱；2，2′—水箱进、出水口；3—放气阀；4—定压补水；
5—热泵热水进、出水管；6，6′—蓄热水箱与地板的接口；7—循环水泵

门、水泵，不易维修；

② 该装置置于南窗外的挑台上，使人容易接近，维修便利，且没有坠落砸人的危险；

③ 该装置以 60°倾角安装，冬季日照量最大（比南垂面高 5%左右），夏季日照量最小（可减少 70%），避免了冬季不热、夏季过热的问题；

④ 本装置背靠南墙，避风，不需再加背板，但却得热于南墙，故而高效；

⑤ 该装置蓄水箱上的供回水管、阀门、水泵都置于南窗下的装饰柜内，美观、易维护，其供回水管不但可以通往洗浴地点，还可直接通往采暖末端；

⑥ 横置式真空集热管，从东西两侧插入蓄热水箱，其宽度可与南墙面一致，集热面积大，集热量也大，与建筑配合协调。

2014 年“三九”天测试证明，其效率高达 40%以上，见表 3.10，结果表明，东、西两个装置效率相差不多。

表 3.10　横置太阳能集热器试验数据

测试时间：2014 年 1 月 20 日～2014 年 2 月 3 日　　测试地点：北京市××公司

时间	1 号方水箱，横置全玻璃热管真空管太阳能热水器水温/℃	日集热量 Q /(W·h/d)	η /%	2 号圆水箱，横置全玻璃真空管太阳能热水器水温/℃	Q /(W·h/d)	η /%	斜面日照 /[W·h/(m^2·d)]
1 月 20 日 8:00	28.51	7243	37.2	27.72	7759	39.36	5594
1 月 20 日 17:00	59.99			61.08			
1 月 21 日 8:00	29.71	7868.8	39.36	28.81	3681.8	41.3	5544
1 月 21 日 17:00	63.54			64.76			
1 月 22 日 8:00	24.98	6340.6	42.9	24.89	6608.1	43.7	4285
1 月 22 日 17:00	52.24			53.29			
1 月 23 日 8:00	30.25	2318	30	29.08	2418	29	1753
1 月 23 日 17:00	26.6			29			
1 月 24 日 8:00	28.78	919	38	28.38	929.6	38	695
1 月 24 日 17:00	30.33			29.92			
1 月 25 日 8:00	27.18	5706	37.8	26.19	4316	49.7	4316
1 月 25 日 17:00	53.12			53.29			
1 月 26 日 8:00	26.42	3200	31.17	25.29	3236	32.12	2420
1 月 26 日 17:00	31.17			42.48			
1 月 27 日 8:00	26.31	5249	38	25.87	5310	38	3970
1 月 27 日 17:00	49.39			50.25			
1 月 28 日 8:00	27.62	7078	40.9	26.94	7333	41.9	4965
1 月 28 日 17:00	58.7			59.44			
1 月 29 日 8:00	26.21	3399	37	25.74	3484	37.5	2640
1 月 29 日 17:00	37.74			37.23			
1 月 30 日 8:00	25.53	8180.5	40	26.08	8448	41.1	5835
1 月 30 日 17:00	61.29			63.55			
1 月 31 日 8:00	27.48	2280	35	27.04	2372	36	1872
1 月 31 日 17:00	36.76			38.57			
2 月 1 日 8:00	27.1	4478	38	26.26	4530	38	1287
2 月 1 日 17:00	37.79			33.25			
2 月 2 日 8:00	25.82	7119.8	40.12	26.17	7364	41.1	5091
2 月 2 日 17:00	56.43			57.5			
2 月 3 日 8:00	26.71	7706	35.64	25.61	8673	39.6	6212
2 月 3 日 17:00	65.49			66.1			

注：1. 1 号方水箱是玻璃热管真空集热管；2 号圆水箱是玻璃真空集热管。

2. Q 为全天集热量，W·h/d，η 为集热效率，%。

3. 空气源热泵热水机组是本系统的第三热源

两间房共用一台分体式 2hp 机，原设计为 1.5hp，厂方提供偏大，增加了电量。

采暖末端：在原有陶瓷砖地面上，加装了薄型预制低温热水辐射采暖地板，上面覆盖 7.0cm 厚水泥砂浆及陶瓷面砖（施工有误）。

4. 讨论与分析

2014 年 1 月 20 日～2014 年 2 月 3 日共 15 天，对上述职工宿舍 203、205 房间太阳能与热泵结合采暖效果进行了测试，表 3.11 给出了测试仪器一览表。

表 3.11　测试仪器一览表

序号	名称	型号	产地	精度	备注
1	安捷伦多路巡检仪	Agilent 34970A	美国	±0.1℃	
2	铂电阻	Pt100	中国	A 级	四线制测量
3	总辐射表	PSP	美国 EPPLY	±1%	国家气象局校准
4	总辐射表	TBQ-2-B	中国	±1%	国家气象局校准
5	智能电量测量仪	W400(4 台) W350(1 台)	易福润德(北京)科技有限公司	1%	

两房间共 29 个测点，每分钟采集一次数据，表 3.12 给出了 2014 年 1 月 14 日～2014 年 2 月 19 日采暖系统耗电量，以下进行分析。

（1）设计工况热负荷：按照室内设计温度 18℃，室外设计温度－9℃，计算出设计两间毗邻房间的供暖负荷为 2750W，折合每平方米 52.88W（该房间虽然朝南，但其中一间楼下为大门门厅），基本相当于我国在 1996 年颁布的建筑节能标准。

（2）2014 年 1 月 20 日～2014 年 2 月 3 日，15 天的实测平均室温为 20.11℃（东高于西 2℃左右），实测平均室外温度为 0.404℃，室内、外平均温差为 19.706℃，由于是长期连续实测，可消除初始与终了差异，并可按线性关系求出该时段平均供暖负荷为 701kW·h（为便于计算，暂不换算成 kJ 或 MJ）。

（3）该时段耗电量为 134.8kW·h，折合每平方米 2.59kW·h，由于测试时段平均室外气温接近北京地区冬季供暖 4 个月的平均温度，故可以此结果推论冬季供暖耗电量，供暖费用及节电减排效果，即全冬季每平方米耗电 2.59×2×4=20.72kW·h/(m^2·季)。

（4）以所示范建筑计，冬季原有建筑采暖耗热量为 701.43×2×4=5611.44kW·h，该时段耗电 134.8×2×4=1078.4kW·h，电能效比为 5.2，与用电采暖比，该节电率为 4.2/5.2=80.77%，而这是对应于平均室温 20.11℃的，如控制室温 18℃，则节能率要高于 80.77%。

（5）减少的有害气体排放：由（4）计算节电量为 4533kW·h，每 1kW·h 电需投入 366g 标煤，故本建筑每年仅供暖（未计太阳能及热泵热水）可节约发电用标煤 1659kg，可减排：

CO_2：1.659×2.62=4.34t；

SO_2：1.659×8.5=14.1kg；

NO_x：1.659×7.4=12.27kg；

粉尘：1.659×0.305=0.5kg。

（6）各种集成热源在供暖中的贡献

① 被动式太阳能的贡献是由两部分组成的：其一是在南向阳台上由于加装了夜间保温窗帘和在窗下墙、阳台地板下外侧加装了保温板，减少的热损失 15 天共计 59kW·h（不详述）；其二是 15 天内通过南外窗进入室内的日辐照量的统计。该时段正常晴天，即南立面日照大于 10MJ/(m^2·d) 的共计 8 天，占 53%，阴天 4 天，其他为多云，这种天气对北京地区而言具有代表性，该时段透过阳台南窗的辐照量累计为 38kW·h/m^2，开孔面积 3.01m^2×2，总计是 228kW·h，但该项与计算供暖负荷时按规范已扣除的南向负荷（20%）重复，该项扣除量为 82.7kW·h（不详述），所以被动房增加的日照得热和减少的供暖损失总计为 200kW·h 左右，占总负荷的 28%。

② 主动式太阳能——横置真空集热蓄热装置：总集热量为 107.75kW·h，扣除损失 5%后为 102.4kW·h，占 14.6%，但水温高于所需供暖温度，平均在 47℃，应当将该热量与热泵供热温度一致加以折合。

③ 热泵供热量：由表 3.12、表 3.13 测量数据可得热泵总供热量为 370kW·h 左右，其水温范围是 25～32℃，约占总耗热量的 53%。

由上述①和③相加等于 28%+53%=81%，可知主动式太阳能的贡献是 18%左右，可见水温过高，损失过大，应在今后的配置中加以改进。

表 3.12　××公司职工宿舍楼二层两间南向毗邻的房间太阳能与热泵结合采暖耗电情况统计

日期	太阳能泵 1（M130002）/kW·h	太阳能泵 2（M130006）/kW·h	热泵（M130017）/kW·h	总耗电/kW·h	白天			夜间		
					天气状况	风力方向	最高温度	天气状况	风力方向	最低温度
2014 年 1 月 14 日	0.48	0.589	13.7	14.769	晴	无持续风向 ≤3 级	4℃	晴	无持续风向 ≤3 级	−8℃
2014 年 1 月 15 日	0.392	0.616	15	16.008	晴	无持续风向 ≤3 级	3℃	阴	无持续风向 ≤3 级	−4℃
2014 年 1 月 16 日	0.5	0.4	11	11.9	霾	无持续风向 ≤3 级	5℃	小雪	无持续风向 ≤3 级	−4℃
2014 年 1 月 20 日	0.265	0.237	5.7	6.202	晴	北风 4～5 级	3℃	晴	北风 3～4 级	−5℃
2014 年 1 月 21 日	0.257	0.278	5.4	5.935	晴	无持续风向 ≤3 级	5℃	晴	无持续风向 ≤3 级	−7℃
2014 年 1 月 22 日	0.257	0.436	5.3	5.993	晴	无持续风向 ≤3 级	5℃	多云	无持续风向 ≤3 级	−4℃
2014 年 1 月 23 日	0.5	0.5	13.3	14.3	多云	无持续风向 ≤3 级	4℃	多云	无持续风向 ≤3 级	−4℃
2014 年 1 月 24 日	0.6	0.7	15.1	16.4	多云	无持续风向 ≤3 级	8℃	多云	无持续风向 ≤3 级	−3℃
2014 年 1 月 25 日	0.4	0.6	6.3	7.3	晴	无持续风向 ≤3 级	8℃	多云	无持续风向 ≤3 级	−4℃
2014 年 1 月 26 日	0.5	0.5	11	12	晴	无持续风向 ≤3 级	3℃	多云	无持续风向 ≤3 级	−5℃
2014 年 1 月 27 日	0.3	0.3	9	9.6	晴	北风 3～4 级	10℃	晴	无持续风向 ≤3 级	−6℃
2014 年 1 月 28 日	0.3	0.4	6.2	6.9	晴	南风 3～4 级	6℃	晴	无持续风向 ≤3 级	−5℃
2014 年 1 月 29 日	0.4	0.4	11	11.8	多云	无持续风向 ≤3 级	5℃	多云	无持续风向 ≤3 级	−1℃
2014 年 1 月 30 日	0.2	0.3	5.6	6.1	晴	无持续风向 ≤3 级	8℃	晴	无持续风向 ≤3 级	−4℃
2014 年 1 月 31 日	0.4	0.5	7.5	8.4	多云	无持续风向 ≤3 级	4℃	雾	无持续风向 ≤3 级	−2℃
2014 年 2 月 1 日	0.6	0.6	11.2	12.4	阴	无持续风向 ≤3 级	6℃	阴	无持续风向 ≤3 级	−1℃
2014 年 2 月 2 日	0.2	0.3	6.2	6.7	晴	北风 4～5 级	9℃	多云	北风 4～5 级	−4℃

续表

日期	太阳能泵 1（M130002）/kW·h	太阳能泵 2（M130006）/kW·h	热泵（M130017）/kW·h	总耗电/kW·h	白天			夜间		
					天气状况	风力方向	最高温度	天气状况	风力方向	最低温度
2014 年 2 月 3 日	0.2	0.2	4.5	4.9	晴	北风 4～5 级	1℃	晴	北风 3～4 级	−7℃
2014 年 2 月 4 日	0.3	0.4	3.8	4.5	晴	无持续风向 ≤3 级	1℃	晴	无持续风向 ≤3 级	−9℃
2014 年 2 月 5 日	0.5	0.5	10.1	11.1	晴	无持续风向 ≤3 级	1℃	阴	无持续风向 ≤3 级	−5℃
2014 年 2 月 6 日	0.5	0.7	14.2	15.4	阴	无持续风向 ≤3 级	−1℃	小到中雪	无持续风向 ≤3 级	−4℃
2014 年 2 月 7 日	0.6	0.5	19	20.1	小雪	无持续风向 ≤3 级	−3℃	小雪	无持续风向 ≤3 级	−6℃
2014 年 2 月 8 日	0.5	0.5	12.5	13.5	晴	北风 3～4 级	0℃	晴	北风 3～4 级	−9℃
2014 年 2 月 9 日	0.4	0.4	10.4	11.2	晴	无持续风向 ≤3 级	−2℃	晴	无持续风向 ≤3 级	−13℃
2014 年 2 月 10 日	0.5	0.5	10.6	11.6	晴	无持续风向 ≤3 级	0℃	晴	无持续风向 ≤3 级	−10℃
2014 年 2 月 11 日	0.4	0.6	12.6	13.6	晴	无持续风向 ≤3 级	0℃	晴	无持续风向 ≤3 级	−10℃
2014 年 2 月 12 日	0.6	0.5	11.5	12.6	晴	无持续风向 ≤3 级	2℃	多云	无持续风向 ≤3 级	−8℃
2014 年 2 月 13 日	0.5	0.5	19.1	20.1	小雪	无持续风向 ≤3 级	0℃	阴	无持续风向 ≤3 级	−6℃
2014 年 2 月 14 日	0.6	0.6	15.6	16.8	霾	无持续风向 ≤3 级	3℃	多云	无持续风向 ≤3 级	−6℃
2014 年 2 月 15 日	0.6	0.6	15.3	16.5	霾	无持续风向 ≤3 级	4℃	多云	无持续风向 ≤3 级	−5℃
2014 年 2 月 16 日	0.5	0.6	11.8	12.9	霾	无持续风向 ≤3 级	5℃	多云	无持续风向 ≤3 级	−5℃
2014 年 2 月 17 日	0.7	0.7	12.9	14.3	多云	无持续风向 ≤3 级	4℃	多云	无持续风向 ≤3 级	−5℃
2014 年 2 月 18 日	0.6	0.6	15.8	17	阴	无持续风向 ≤3 级	2℃	小雪	无持续风向 ≤3 级	−4℃
2014 年 2 月 19 日	0.3	0.5	8.1	8.9	晴	无持续风向 ≤3 级	5℃	晴	无持续风向 ≤3 级	−5℃

表 3.13　热泵能效比

日期	天气情况				太阳辐照/[W/(m²·d)]			空气源热泵					平均室温/℃
	天气	风力/级	最高温/℃	最低温/℃	60°斜面	南向窗后	比值	启	停	耗电量/kW·h	供热量/kW·h	COP	
2014年1月20日	晴	4～5	3	−5	5594	3059	0.5468	4:32 6:09 7:52	5:15 6:52 8:26	5.7	9.768	1.71	19.51
2014年1月21日	晴	≤3	5	−7	5724	3062	0.5324	2:04 3:53 5:30 7:04 8:39	2:55 4:39 6:15 7:50 9:14	5.4	16.280	3.0	19.87
2014年1月22日	晴	≤3	5	−4	4285	2311	0.5393	2:51 4:43 6:22 7:59	3:52 5:37 7:61 8:50	5.3	13.024	2.45	19.28
2014年1月23日	多云	≤3	4	−4	1753	752	0.4289	0:17 2:05 3:46 5:25 7:01 8:37 10:16 16:36 18:10 19:43 21:16 22:50	1:11 2:58 4:38 6:17 7:51 9:21 10:55 17:18 18:52 20:26 22:01 23:34	13.3	30.072	2.93	19.31

续表

日期	天气情况				太阳辐照/[W/(m^2·d)]			空气源热泵					平均室温/℃
	天气	风力/级	最高温/℃	最低温/℃	60°斜面	南向窗后	比值	启	停	耗电量/kW·h	供热量/kW·h	COP	
2014年1月24日	多云	≤3	8	−3	695	313.3	0.4577	0:21 1:50 3:20 4:48 6:15 7:43 9:09 10:41 12:17 14:01 15:40 17:15 18:49 20:17 21:49 23:19	1:04 2:34 4:04 5:30 6:59 8:24 9:49 11:19 12:52 14:31 16:11 17:48 19:21 20:55 22:24 23:52	15.1	52.096	3.45	18.50
2014年1月25日	晴	≤3	8	−4	4316	3169	0.7342	0:49 2:17 3:46 5:18 6:48 8:20 22:59	1:22 2:51 4:21 5:53 7:25 8:54 23:34	6.3	22.792	3.61	18.81

续表

日期	天气情况				太阳辐照/[W/(m² · d)]			空气源热泵					平均室温/℃
	天气	风力/级	最高温/℃	最低温/℃	60°斜面	南向窗后	比值	启	停	耗电量/kW · h	供热量/kW · h	COP	
2014年1月26日	晴	≤3	3	−5	2420	1842	0.7611	0:23 1:55 3:28 5:01 6:33 8:05 9:41 18:47 20:35 22:15 23:51	1:05 2:39 4:14 5:45 7:18 8:47 10:20 19:35 21:21 22:59	11	32.560	3.28	19.26
2014年1月27日	晴	3～4	10	−6	3970	2886	0.7264	1:27 3:00 4:40 6:17 7:54 9:50 23:20	0:37 2:14 3:51 5:32 7:10 8:45 10:26	9	19.536	2.17	19.74
2014年1月28日	晴	3～4	6	−5	4965	3677	0.7405	0:50 2:20 3:51 5:22 6:53 8:27	0:20 1:31 3:01 4:31 6:04 7:37 9:05	6.2	22.792	3.67	20.84

续表

日期	天气情况				太阳辐照/[W/(m²·d)]			空气源热泵					平均室温/℃
	天气	风力/级	最高温/℃	最低温/℃	60°斜面	南向窗后	比值	启	停	耗电量/kW·h	供热量/kW·h	COP	
2014年1月29日	多云	≤3	5	−1	2640	1825.5	0.6912	1：00 2：26 4：07 4：57 7：28 9：17 18：25 20：17 21：57 23：33	1：34 3：17 4：59 6：40 8：21 9：58 19：16 21：01 22：43	11	29.304	2.66	19.61
2014年1月30日	晴	≤3	8	−4	5835	4599	0.7881	1：08 2：49 4：18 5：46 7：17	0：19 1：59 3：29 4：56 6：26 7：58	5.6	16.280	2.9	20.49
2014年1月31日	多云	≤3	4	−2	1872	1293	0.6907	3：38 5：32 7：12 8：49 22：51 21：16 19：37	4：31 6：16 21：57 9：29 20：23 7：53 32：31	7.5	22.792	3.03	20.01

续表

日期	天气情况				太阳辐照/[W/(m^2·d)]			空气源热泵					平均室温/℃
	天气	风力/级	最高温/℃	最低温/℃	60°斜面	南向窗后	比值	启	停	耗电量/kW·h	供热量/kW·h	COP	
2014年2月1日	阴	≤3	6	−1	1287	807.8	0.6276	0:27 2:03 3:39 5:15 6:50 8:24 10:00 11:53 17:40 19:23 21:01 22:39	1:06 2:42 4:19 5:54 7:28 9:02 10:36 12:26 18:20 20:00 21:38 23:16	11.2	39.072	3.488	20.02
2014年2月2日	晴	4～5	9	−4	5091	3834	0.7530	0:18 1:56 3:38 5:38 7:13	0:56 2:41 4:43 6:20 8:17	6.2	16.280	2.62	20.63
2014年2月3日	晴	4～5	1	−7	6212	4629	0.7333	2:54 4:47 6:32 8:13	3:45 5:36 7:20 8:54	4.5	13.024	2.89	21.10

以上三项热源供热量相加为 200kW·h＋102.4kW·h＋370kW·h＝672.4kW·h，与计算负荷基本吻合。

（7）正常晴天时太阳能的贡献率：在测试数据中发现，正常晴天时，一天中的 9：30～20：30 皆无水泵向地板供能，证明太阳能的贡献率高于 60%左右。例如，1 月 28 日正常晴天的室温、日辐射得热和水泵运行的时间段如图 3.24 所示。

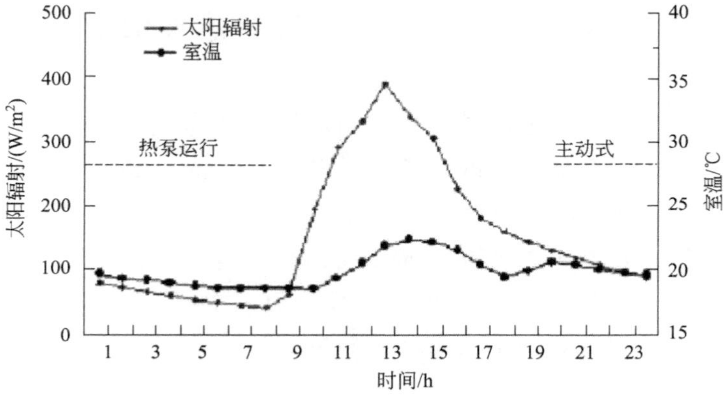

图 3.24　2014 年 1 月 28 日正常晴天时的室温、日辐射热及太阳能水泵运行和热泵运行时间

由图 3.24 可见，在冬季正常晴天，白天 9：00 至晚 20：00，房间供暖皆由被动式太阳能提供，热泵在上午 9：00 以前工作。

（8）热泵的能效比：表 3.12 和表 3.13 给出了逐日的气象、室温、室外温度、斜面上的日照、南窗内的日照、向地板供暖的水泵及热泵的起停时间与耗电量，可见热泵在晴天时，仅工作在每天凌晨的最低室外气温下，如 1 月 21 日、22 日，在该时段平均室外气温为－4.19℃及－7.24℃时，热泵的 COP 分别为 3.0 及 2.45。平均而言，在 15 天内，在凌晨平均室外气温为－1.15℃时的 COP 为 3.42 左右。

结论：

① 参照《被动式太阳房热工技术条件与测试方法》（JB/T 15405—2003），在北京为代表的气象适宜区进行了主、被动太阳能、空气源热泵辐射地板优化集成供暖系统工程示范，结果满足室内舒适度的要求，与电采暖比节电 80%以上，并相应地减少了有害气体的排放。

② 示范证明，在室温高于 20℃的条件下，适当配置的主、被动太阳能装置的贡献率接近 50%，另 50%由热泵承担，后者节电 70%。

③ 横置于南窗下或挑台上的全玻璃集热管与热管式真空集热管热水装置，有供暖与供生活热水的多功能，与建筑立面配合，美观、高效、防冻耐用，后者更易管理。

第六节　室外温度波动对空气源热泵供暖的影响

空气源热泵作为供暖热源，使人最敏感的就是其供热量随室外温度变化而变化，如当冬季室外温度下降、热负荷增大时，该热源的供热量却是下降的，下降的规律（也称热特性）是关系到设计者如何选用热泵出力的问题，其波动的大小又关系到如何使用这种热源，才能满足室温要求的问题。为寻求这一问题的答案，我们首先要从认识空气源热泵的热性能入手，其次，是研究辐射供暖地板的蓄热性对其供暖产生的影响。

一、空气源热泵的热特性

在北京为代表的北方寒冷地区，用于辐射地板供暖的热泵热水机组，其常用供水温度最高 35℃左右，供回水温差 3～5℃，即供回水平均温度约 32～33℃，对应的热泵的冷凝温度不超过 37～38℃，而此时，对应的可能是冬季供暖的最大负荷，或者说是在“三九”天，如北京地区此时段一天中的室外温度可能低至－13～－15℃，对应的空气源热泵的蒸发温度大约为－20～－23℃，在这种工况下，小型空气源热泵的供热性能又如何。我们可以用 R22 制冷剂的小型机组三个不同来源的数据进行对比，以取得大体可靠的数据。

（1）来源于美国谷轮 ZR 型柔性涡旋压缩机样本的数据，列于表 3.14。

表 3.14　美国谷轮 ZR 型柔性涡旋压缩机特性参数（冷凝温度 37.8℃）

蒸发温度/℃	－23.3	－17.8	－12.2	－6.7
制冷量/W	2780	3630	4660	5890
对应的室外气温/℃	－15～－17	约－10	约－5	约 0

续表

压缩机输入功率/W	1689	1710	1731	1752
压缩比 p_c/p_e	≤6			
供热量/W	3624	4485	5525	6766

由表 3.14 可见，对应于大约 0～－17℃的室外温度，该热泵供热量的变化率平均为 3%左右。

(2) 来源于 2002 年 1 月中国家用电器研究所对北京清华索兰环能技术研究所送检的 FRS-6-2.5hp 机组的热特性测试结果，列于表 3.15。

表 3.15　中国家用电器检测所检测报告

室外温度/℃	出水温度/℃	制热量/W	消耗功率（包括水泵）/W	制热量（消耗功率）/W	与标准工况比下降率/%
－2	34.3	3832	1913	2.00	23
－7	33.5	3421	1760	1.92	31
－10	32.1	3695	1741	2.12	26
－15	34	2600	1734	1.5	48

由表 3.15 可见，在基本相同的供水温度下，当室外温度从－2℃降至－15℃时，供热量下降 1232W，其下降率为 2.5%。

(3) 来源于 2014 年 1 月 20 日至 2014 年 2 月 12 日，清华大学、北京华业阳光能源有限公司、北京清华索兰环能技术研究所，在北京昌平某职工宿舍，共 52m^2、建筑节能率大约 50%的节能楼中，进行了以主、被动太阳能与 2hp 索兰牌空气源热泵热水机组为集成热源，对图 3.25 所示的辐射地板供暖的示范工程，表 3.16 列出了该空气源热泵热水机组从 2014 年 2 月 8 号到 2 月 10 号（最冷的三天）供热量随室外温度变化的实测数据。

表 3.16　空气源热泵热水机组特性参数（供回水温度 32～25℃）

室外温度 t_w/℃	4	－2.42	－5.46	－7.2	－8.08	－9.19	－10.5
供热量 Q/W	6575	5184	3665	3256	3578	3552	3368

由表 3.16 可见，当室外气温从 4℃下降至－9.19℃，即下降 13.19℃时，供热量下降了 3207W，其下降率为 3.5%。表 3.16 中的下降率偏大

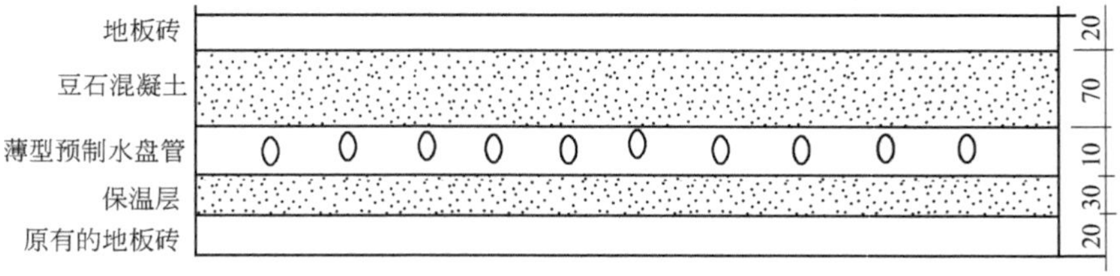

图 3.25 上海某预制沟槽薄型辐射供暖地板结构

的原因是因为为了测量该热泵在不同室外气温下的供热量，在室外设置了一个蓄热水箱，且由于该热泵是作为太阳能供暖的辅助热源，晴天时，它都是在凌晨 0：00 至上午8：00 启动，所以有一定的热损失。表 3.15 由于室外温度范围偏高，水温范围稍有偏低，所以供热量下降率偏小，故本文取表 3.14 谷轮产品给出的数据，在所述的室外气温和水温下供热量下降率为 3%。

但是，表 3.14～表 3.16 中所列的空气源热泵在大致相同的室外气温及供热温度下，供热量随室外温度或对应的蒸发温度的变化规律基本是相同的，可信度比较高。基于此，我们就可以在下面分析关于热泵怎样通过辐射地板向室内供暖的问题。

二、辐射供暖地板的蓄热性及对热波的衰减

图 3.25 所示的辐射地板与其它供暖末端相比，一是有较大的面积，二是有较大的热容量，总而言之，就是有较大的蓄热性。以下取对应 $1m^2$ 的地板面积的隔离体加以说明，首先地板材料的热物性：填充层豆石混凝土与地板砖有相似的热物性，即其热导率 $\lambda=1.28W/(m\cdot℃)$，$c_p=0.92kJ/(kg\cdot℃)$，干密度 $\gamma=2100kg/m^3$，则对应 $1m^2$ 地面的地板隔离体（图 3.26）的热容 $c=V\times c_p\times\gamma$，该隔离体的体积 $V=1\times0.09=0.09m^3$，则 $c=0.09\times0.92\times2100=173.88kJ/℃=48.3W\cdot h/℃$。前述某宿舍示范工程中房间地板的总面积为 $50m^2$，则其总热容量为：$50\times48.3=2415W\cdot h/℃$，这意味着要使该地板平均温度下降 1℃，需要 $2415W\cdot h$ 的热量，其中，还未包括水盘管和水。但是，正如表 3.16 中的数据，用于加热它的 2hp 空气源热泵从－2.42℃下降到－10.5℃时，其供热量只下降了 1816W，因而，供暖地板的平均温度下降了不到 1℃，因此，地板上表面的温度的下降幅度也小于 1℃。这说明，室外温度从

－2.42℃下降到－10.5℃时，即下降了8℃左右，辐射地板的平均温度下降不到1℃，也就是说，辐射地板的蓄热性对热泵供热量的波动的衰减能力是很大的。

三、空气源热泵辐射地板供暖的热过程分析

分析取 $1m^2$ 地板面积对应的隔离体，如图3.26所示。

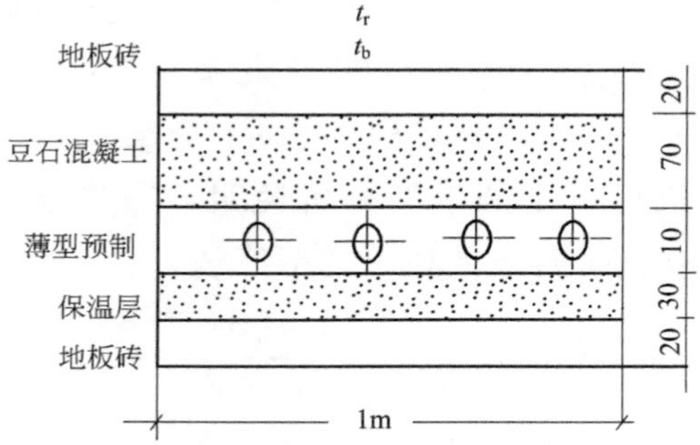

图3.26　对应 $1m^2$ 地面的地板隔离体

其材料的热物性如前所述，则 $1m^2$ 隔离体的热容 $c=173.88kJ/℃$，可进行如下假设。

① 地板中水盘管层的平均水温为加热隔离体下边界的温度，为27℃左右（低于供水温度上、下限的平均值1.5℃）。

② t_b 为地板上表面温度，隔离体的平均温度 t_1 为 $(27℃+t_b)/2$。

③ t_r 为逐时室温。

④ t_w 为室外温度，t_w、t_r 在初始时刻取测量数据，为已知条件。

⑤ ΣKF 是该示范房的热负荷系数，它的意义是单位内外温差下房屋外墙、外窗、冷风渗透及邻室温差（大于5℃）的内壁形成的采暖热负荷，K 是传热系数，F 是与其对应的面积，一般情况下，在无日照、无强大冷风渗透下，KF 可以视为常数，于是，房间的采暖热负荷便与上述的温差成正比。经计算，该建筑在设计室温18℃、设计室外温度－9℃时，其采暖设计负荷为2750W，折合每温差1℃的 $\Sigma KF=2750/(18+9)=101.85W/℃$。

⑥ 地面向上的传热系数取 $9W/(m^2 \cdot ℃)$，误差不大，是因为房间围护结构在无日照、无强烈冷风渗透的情况下，其对室外温度波动的衰减倍率很大（普通三七墙衰减50倍），节能墙体有时更大，并且窗墙比被限

制，所以，房屋围护结构的内表面的平均温度 t_{pj} 在一天 24h 中的几小时之内，可视为无大变化。

⑦ 地板隔离体向下及与邻室之间为绝热。

2014 年 2 月 8 日至 2 月 10 日连续三天的某宿舍示范工程的实测值列于表 3.17 中，该时段空气源热泵工作皆为凌晨无日照，该三天是 2014 年冬季最冷的三天，从 2 月 8 日至 2 月 10 日三天测试数据可以看出，室外气温的下降使空气源热泵供热量下降，并没有导致室温的剧烈下降，例如，2 月 10 日凌晨四点，室外温度下降至－10.2℃，八点下降至－12.2℃，而室温仅从 16.91℃下降到 16.55℃，室温的下降仅相当于室外温度的 18%，其原因可以由如下的分析说明，即热泵供热量下降值＝隔离体的热容量＋地板表面向上散热量的下降值：

$$q^n - q^{n+1} = c \times (t_1^n - t_1^{n+1}) + 9\left[\left(\frac{t_b^n + t_b^{n+1}}{2}\right) - \left(\frac{t_r^n + t_r^{n+1}}{2}\right)\right] \tag{3.15}$$

式中，q^n、q^{n+1} 分别为 n 和 $n+1$ 时刻热泵相对 1m² 而言的供热量；t_1^n、t_1^{n+1} 和 t_r^n、t_r^{n+1} 分别为 n 和 $n+1$ 时刻的地板的平均温度和室温；对于 1m² 地板隔离体而言，$c=48\text{W}\cdot\text{h/℃}$。根据表 3.17 中的数据，在 2 月 10 日当室外温度从－8.2℃下降至－12.2℃时，单位时间供热量从 4197.2W 降至 4064W，合 1m² 降低 2.66W/m²，这说明，由于地板面积较大，热泵供热量的下降，摊至每平方米的数量已很小；又从方程(3.15)的第一项看出，隔离体的热容很大，所以，地板平均温度 t_1 和室温 t_2 的变化会很小，因此，室外温度变化虽然会引起供热量的变化，但对室内温度的影响会很小。

再补充对地板表面的热平衡方程：

$$\frac{\lambda}{\frac{\Delta x}{2}}(t_1 - t_b) - 9(t_b - t_r) = 0 \tag{3.16}$$

式中，Δx 为地板隔离体的总厚度，m。$\Delta x=0.09\text{m}$；$\lambda=1.28\text{W/(m}\cdot\text{℃)}$。

再对地面向上散热与房间向室外传热列热平衡方程：

$$\sum KF(t_r - t_w) = 9F_d(t_b - t_r) \tag{3.17}$$

式中，F_d 为向上散热的地板面积。

方程(3.15)～方程(3.17) 中已知 n 时刻的 t_w、t_r 级供热量的变化(如取自表 3.17 的实测值) 根据方程(3.15)～方程(3.17) 可求得 $n+1$ 时

刻的 t_b、t_r、t_1，其中设隔离体下边热泵供水的温度 27℃左右不变。

在符合节能要求的建筑中，以空气源热泵为热源，辐射地板为末端的供暖方式，以其舒适、节能、便于分户计量、安全可靠，特别是减排等优点已受到社会和用户的好评。然而，应用者对空气源热泵用在寒冷地区（ⅡB）时，其供热量随室外温度的下降会产生什么影响存有疑虑，对此，本书提供了有说服力的数据，说明了在低温供水温度下空气源热泵供热量随室外温度的变化率，随后，对空气源热泵地板辐射供暖进行了传热过程的分析，对于与合理假设的条件相符的工程来说，分析与实测结果相当一致，揭示了由于地板面积大，热容量也大，对于空气源热泵随室外温度变化的供热量变化起了很大的阻尼作用，采用这种系统室温稳定性可以得到保障。

表 3.17　2014 年 2 月 8 日至 2 月 10 日某宿舍示范工程实测记录

项目	起止时间:2014 年 2 月 8 日 0 时至 9 时				天气状况:晴		室温:16～20℃		常数:101.85W/℃	
时间	0	1	2	3	4	5	6	7	8	9
室温/℃	17.19	17.26	16.87	16.78	16.74	16.42	16.5	16.56	16.6	17.73
平均室外温度/℃				−3.81		−6.6	−8.0			
供热量/W			4350.8	4250		4736	4210			
项目	起止时间:2014 年 2 月 9 日 0 时至 9 时				天气状况:晴		室温:16～20℃			
时间	0	1	2	3	4	5	6	7	8	9
室温/℃	18.18	17.68	17.87	17.37	17.3	17.08	16.86	16.8	16.8	18.14
平均室外温度/℃		−8.8		−9.07		−9.5	−9.9		−9.7	−8.98
供热量/W		4177.2		4168.2		4153.9	4140.6		4147.2	
项目	起止时间:2014 年 2 月 10 日 0 时至 9 时				天气状况:晴		室温:16～20℃			
时间	0	1	2	3	4	5	6	7	8	9
室温/℃	18.15	18.12	17.97	17.8	17.52	17.44	17.38	17.01	16.93	17.87
平均室外温度/℃		−8.2	−8.5		−10.2		−10.7		−12.2	
供热量/W		4197.2	4187.2		4130.6		4114		4064	

注：太阳能泵指热泵向地板供热水的泵。

第七节　空气源热泵、太阳能除湿、降温空调

建筑能耗中空调负荷占据很大份额，尤其在公共建筑中。空调的任务是在有限的空间内创造温度、湿度、清洁度及噪声等合乎舒适的环境。其中湿度的影响很大。如本书前边所述，人体在从食物中获得热量后要通过以对流、辐射等方式与周围环境进行湿热交换，以及其他体力活动、衣着增减等获得人体的热平衡才能有热舒适感，传统的空气处理过程是将温、湿度合二为一。21 世纪以来，江亿院士等积极倡导温度、湿度独立调控的空调系统，并用实践证明其节能效果在 30%左右。因此，独立除湿与独立降温技术都有新的进展。

一、地板辐射供冷的进展

地板辐射供冷技术起源于欧洲，它在辐射供暖地板的诸多优点的基础上，又叠加了冷暖合一的优点。20 世纪 90 年代，以法国为主的研究者已对其进行了理论研究，美国《ASHRAE 手册》提出的水盘管地板供冷的设计计算方法，促进了该技术的应用。近年来，我国有关专家对水盘管地板在大型公共建筑中辐射供冷的设计、应用也进行了研究，并探讨了在高温高湿地区应用的可行性。即辐射供冷能力、水温和盘管的设计参数、置换通风要求、室内效果和人体热舒适度等，但仍未建立起完整的理论与设计方法。

本书作者于 2009～2011 年，分别在一个中型公共建筑和一个工厂办公用房进行了深入探讨。

二、空气调节的室内设计工况及露点温度

表 3.17 为夏季室内温湿度设计工况，当采用地板辐射供冷时，地面温度应高于表 3.18 所述的露点值。

表 3.18　夏季室内温湿度设计工况

建筑用途	室内温度/℃	相对湿度/%	风速/(m/s)	露点/℃
一般办公	26～28	65～60	≤0.3	18.76～19.37
住宅	26～28	65～60	≤0.3	18.76～19.37

三、典型辐射供冷的地板构造与供冷量的计算

为了做到冷暖合一，以图 3.12、图 3.14 所示的地板做法为准进行讨论地板辐射供冷的计算和要求。

1. 地板供冷量的计算和技术要求

地板上表面温度 t_b 应在高于露点温度的条件下尽可能低，以达到房间降温的要求。t_b 与地板供冷量 q 有密切关系，即地板上表面以对流和辐射两种方式向房间供冷，其供冷量如下列公式所述，即单位面积供冷量：

$$q=q_d+q_f \tag{3.18}$$

其中，单位面积对流换热量：

$$q_d=0.59\left(\frac{t_r-t_b}{l}\right)^{0.25} \tag{3.19}$$

式中　t_r——室内空气的平均温度，26～28℃；

t_b——地板上表面温度，℃；

l——对流换热的定性尺寸，可取 $l\approx 4$m。

单位面积辐射换热量：

$$q_f=\varepsilon_{xt}C_0\left[\left(\frac{t_{pj}+273}{100}\right)^4-\left(\frac{t_b+273}{100}\right)^4\right] \tag{3.20}$$

式中　C_0——黑体的辐射系数，$C_0=5.67\text{W}/(\text{m}^2\cdot\text{K}^4)$。

$$\varepsilon_{xt}=\frac{1}{\frac{1}{\varepsilon_1}+\frac{1}{\varepsilon_2}-1} \tag{3.21}$$

式中，ε_{xt} 为系统黑度；ε_1、ε_2 为房间非冷内表面与地板表面的黑度，皆取 0.93。

式中 t_{pj} 也同样可以引用式(3.7) 求得，不过在夏季计算 t_{pj} 时，太阳辐射的影响很大，而太阳对屋顶的影响又比墙面大得多，所以，顶棚的内表面温度高，而由于地面对顶棚的辐射换热又大于对其他墙的内表面，也即地面向上的辐射换热，大部分是与顶棚之间进行的。所以，计算地面向上供冷量时，可以先假设 t_{pj} 等于一系列顶棚可能出现的内表面温度，如 $t_{pj}=28$℃、29℃、30℃、31℃，然后，根据地板结构内的传热公式求解就

比较容易找出可能达到的热平衡下的地面温度 t_b与供冷量。

2. 地板水盘管内的水温 t_s与地板表面的温差

地板水盘管内的冷水是通过地板内各环节的热阻与地板上表面 t_b之间进行热传递的，取地板的典型结构，如图 3.12、图 3.14 所示，则各项热阻如下：

① 水盘管内的水与管内壁之间的热阻，由于水在管内为强迫流动，故此项很小，可以忽略；

② 管壁热阻；

③ 填充层热阻；

④ 相邻管之间的热阻；

⑤ 装饰层热阻。

上述各层材料和几何尺寸及各项热阻列在表 3.6 中。

四、地板的供冷量

地板水盘管内水至地板上表面之间的传热量，即地板的供冷量计算公式与式(3.13) 的形式相同，仅是热流的方向不同，即供冷时，热流是自上而下，而供热量是热流自下而上。此外，应当取向下的损失系数为 0.1，则每米水管与地板上表面的传热量：

$$Q_m = 0.9 \times \frac{2\pi(t_b - t_s)}{\frac{1}{\lambda_1}\ln\frac{r_w}{r_n} + \frac{1}{\lambda_2}\ln\frac{2a}{r_w} + \frac{1}{\lambda_2}\ln\sqrt{\left(\frac{2a}{b}\right)^2 + 1}} \tag{3.22}$$

由于管间距为 200mm，则每平方米地面供冷量 $q = 5Q_m$，不难看出，对于空调的标准工况表 3.18，可以得出要求 t_b高于露点的温度最低值。再由假定的顶棚温度代替 t_{pj}，联立式(3.5)、式(3.6)、式(3.7)、式(3.9) 可以求解出不同的冷水温度 t_s与不同的顶棚温度下的供冷量，以及地板上表面温度 t_b，结果见图 3.27、图 3.28。

由图 3.27 和图 3.28 可以看出：

① 当水温为 14～16℃时，地板上表面温度 t_b皆高于室内空调工况的露点温度，地面表面温度提高的幅度小于水温提高的幅度；

② 顶内表面温度对地面向上的供冷量有显著影响，如当顶棚内表面温度为 28～29℃时，供冷量为 44～47W/m^2，而当顶棚内表面温度为

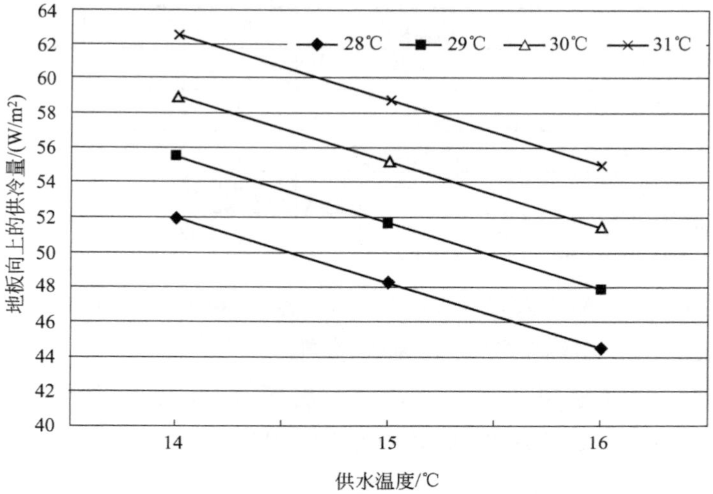

图 3.27　典型结构的水温下水盘管束的辐射供冷地板向上供冷量

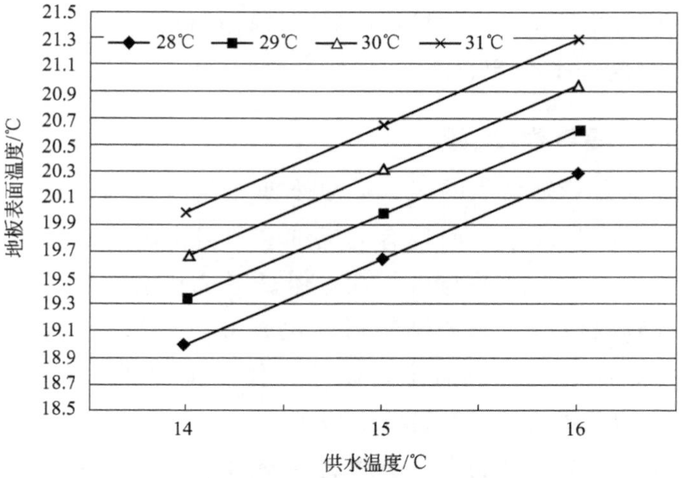

图 3.28　典型结构的水盘管的辐射供冷地板地表温度

30～31℃时，供冷量达到 50～60W/m²，这是所谓的辐射的自调节现象，这种现象看上去是辐射供冷量增大了，但是人体却更加不舒适了。

③ 图 3.28 显示了供冷量随水温升高的变化趋势，即水温每升高 1℃供冷量减少 5W/m² 左右，兼顾供冷量、表面不结露及人体舒适度等多方面因素，表 3.19 中的数据供参考。

表 3.19　不同水温及地板表面温度下室内工况及供冷量

地板表面温度/℃	19	20	21
控制露点/℃	18	19	20
冷水水温/℃	14	15	16
室内设计温度/℃	27	27	27
室内相对湿度/%	55	60	65
供冷量/(W/m²)	52	48	44

对于窗墙比较大和人员密集的房间，这样的供冷量可能不足以消除余热，所欠缺的部分需由除湿及通风来承担。

2010 年，在北京华业阳光公司一楼展厅（$230m^2$）进行地板供冷、暖的测试研究，冬季 1 月最冷天室外温度－15～－16℃，室温 18～20℃，空气源热泵地板辐射供暖的 COP 为 2.0。

夏季，用除湿机供新风，风量为 $550m^3/h$，风温 24～26℃，相对湿度50%～55%，地板中通冷水温度 14～16℃，地表温度 21.5℃，顶棚温度 28℃，室温为 27℃，相对湿度 60%，具有很好的热舒适感，测试结果与表 3.19 中数据基本吻合。

五、顶棚（板）辐射供冷、暖

采用地板水盘管辐射供暖时，如夏季兼作制冷，则一是长期停留的人不舒服，二是供冷量较小，而现有的毛细管顶板供暖、冷在不少工程实践中虽然已证明了它的舒适性与可行性，但是造价和水质要求都比较高。国外关于天花板辐射供冷、暖的结构形式也颇多，但都是以有色金属为主，造价昂贵，不宜照搬。为克服上述缺点，作者提出了一种置于顶棚下的 PE-RT 管帘，构造如图 3.29、图 3.30 所示。

这种薄型预制水管帘的末端重量轻、热容小、启动快、与管间有填充材料的辐射地板相比向外传热热阻减小，所以所需冷水温度高，节能性好，对于以空气源热泵为冷、热源，尤其是既有建筑的节能改造很适用，特别是公用建筑在间歇使用的条件下能量损失小。

1. 顶棚供冷暖量的计算

所谓单位顶棚供冷暖面积是指安装了图 3.29、图 3.30 所示管帘的天花板每单位的面积，包括 20 支长 1m 的管，内通冷、热水时，供给房间

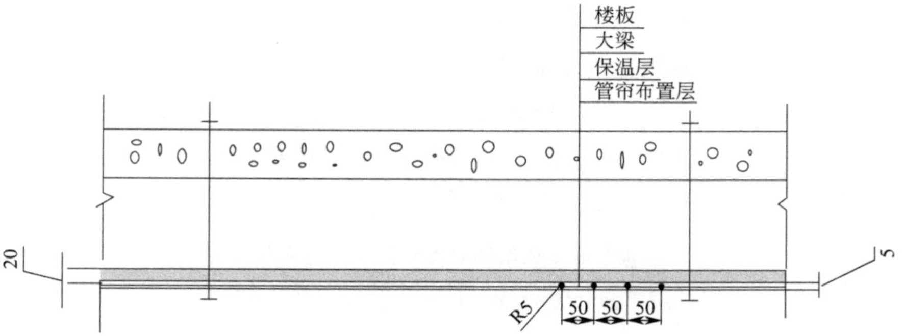

图 3.29 薄型预制水管帘固定在楼板下的剖面图

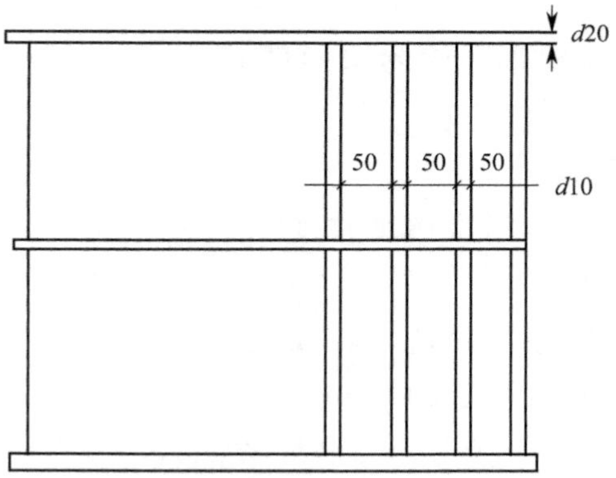

图 3.30 薄型预制水管帘的仰视图

冷（热）量，同样该传热量可以分为两部分，一是管帘与其周围空气的对流换热，二是管帘的外表面与其四周房间内表面的辐射换热。

辐射供冷、暖的计算公式：在本书中已多次出现过辐射换热计算公式，但此处要引进单位有效辐射面积的概念，如式(3.23) 所示：

$$q_f = F_e \varepsilon_{xt} C_0 \left[\left(\frac{t_{pj} + 273}{100} \right)^4 - \left(\frac{t_b + 273}{100} \right)^4 \right] \tag{3.23}$$

式中 q_f——对应于 $1m^2$ 地面的辐射供冷（热）量，W/m^2；

F_e——对应于 $1m^2$ 地面的水管帘有效辐射面积，m^2；

ε_{xt}——对应辐射换热物体之间的系统黑度，当辐射面板无下凹，并且被比其大得多的表面包围时，ε_{xt}≈辐射表面自身的发射率，即 $\varepsilon_{xt} \approx \varepsilon = 0.87$；

C_0——黑体的辐射系数，$C_0 = 5.67W/(m^2 \cdot K^4)$；

t_b——水管的管外平均温度，℃；

t_{pj}——房间内非冷热表面平均温度，℃。

根据表 3.20 所给管材、壁厚及典型的水系统中常规流速，t_b与管内水温相差很小，可以认为t_b即为管内水的平均温度。但供冷时t_b必须高于房间夏季空调工况下的露点温度至少 0.5℃。

表 3.20 薄型预制辐射管帘的材料与物性参数

管材	管径/mm	λ/[W/(m·℃)]	管间距/mm	单元长/m	联箱/mm
PE-RT	ϕ10	0.4	50	1.0	ϕ20

由表 3.18 可见：辐射管帘内的冷水应高于 18.5℃。

关于t_{pj}，表 3.5 给出冬季采暖时的数值，而夏季空调房间的t_{pj}值美国《供暖制冷空调工程师手册（2000 年）》给出比室温高 0.5℃，本书经计算认为可取为 1℃。

由式(3.23) 可知，当管内通冷水时，$t_{pj}>t_b$，q_f为正值，表示q_f是供冷量；当$t_b>t_{pj}$时，q_f为负值，表示供暖量。

关于F_e，如前所述，对应 1m² 地面的管帘，应包括 1m 长的 20 支管，这些管的外表面积的总和是 $20\pi d=20\pi\times0.01\approx0.628\text{m}^2$，但是这些面积并不能对所有包围它的非冷（热）表面进行辐射换热。因为它们的管子之间相互辐射，还有与背板之间的辐射、反射。对于如图 3.29、图 3.30 所示的背板有楼板墙面及保温层，近似地认为辐射管帘的背部为绝热的。于是根据图 3.29、图 3.30 所示的几何尺寸可以算出 1m 长、20 支管间距 50mm 的房间内的有效辐射面积即F_e为其自身面积的 40%。即 $F_e=20\pi d\times0.4\approx0.25\text{m}^2$。

将F_e、ε_{xt}、C_0、t_{pj}及t_b代入式(3.23) 得出辐射管帘的供冷量q_f，列于表 3.21 和图 3.31 中。

表 3.21 夏季单位面积管帘的供冷量

非制冷表面加权平均温度 t_{pj}/℃	冷水水温 t_w/℃	室内温度 t_r/℃	单位面积管帘辐射换热量 q_f/(W/m²)	单位面积管帘对流换热量 q_d/(W/m²)	单位面积管帘总换热量 ($q=q_f+q_d$)/(W/m²)
27	16	26	12.43	47.85	60.28
27	17	26	11.36	41.97	53.33
27	18	26	10.28	36.25	46.53
27	19	26	9.19	30.69	39.89

续表

非制冷表面加权平均温度 t_{pj}/℃	冷水水温 t_w/℃	室内温度 t_r/℃	单位面积管帘辐射换热量 q_f/(W/m²)	单位面积管帘对流换热量 q_d/(W/m²)	单位面积管帘总换热量 ($q=q_f+q_d$)/(W/m²)
27	20	26	8.09	25.33	33.43
27	21	26	6.98	20.19	27.17
28	16	27	13.62	53.88	67.50
28	17	27	12.55	47.85	60.41
28	18	27	11.48	41.97	53.45
28	19	27	10.39	36.25	46.63
28	20	27	9.29	30.69	39.98
28	21	27	8.17	25.33	33.51
29	16	28	14.82	60.04	74.87
29	17	28	13.76	53.88	67.64
29	18	28	12.68	47.85	60.53
29	19	28	11.59	41.97	53.56
29	20	28	10.49	36.25	46.74
29	21	28	9.38	30.69	40.08
30	16	29	16.04	66.33	82.37
30	17	29	14.98	60.04	75.02
30	18	29	13.90	53.88	67.78
30	19	29	12.81	47.85	60.66
30	20	29	11.71	41.97	53.68
30	21	29	10.60	36.25	46.85

再将 F_e=0.25m²，t_r=18℃，t_{pj}=17℃及供回水平均温度 t_b=29℃、30℃、31℃、32℃、33℃、34℃、35℃代入式(3.23) 算出管帘的辐射供暖量，列入表 3.22 中的 q_f一项，即完成顶棚管帘辐射供冷热量的计算。

表 3.22 冬季单位面积管帘的供热量（t_r=18℃，t_{pj}=17℃）

非加热表面加权平均温度 t_{pj}/℃	供热平均水温 t_w/℃	室内温度 t_r/℃	单位面积盘管对流散热量 q_f/(W/m²)	单位面积盘管辐射散热量 q_d/(W/m²)	单位面积盘管总散热量 ($q=q_f+q_d$)/(W/m²)
17	29	18	14.85	8.64	23.48
17	30	18	16.17	9.63	25.80

续表

非加热表面加权平均温度 t_{pj}/℃	供热平均水温 t_w/℃	室内温度 t_r/℃	单位面积盘管对流散热量 q_f/(W/m²)	单位面积盘管辐射散热量 q_d/(W/m²)	单位面积盘管总散热量 ($q=q_f+q_d$)/(W/m²)
17	31	18	17.50	10.64	28.14
17	32	18	18.84	11.68	30.52
17	33	18	20.20	12.73	32.93
17	34	18	21.57	13.80	35.37
17	35	18	22.95	14.88	37.84

2. 单位面积的对流换热量

对流换热量为：

$$q_d = F_e \alpha_d (t_b - t_r) \tag{3.24}$$

对于自然对流的换热，传热界认为，在工程计算中仍以依据由试验得出的特征数方程求解为好。即

$$Nu = f(Gr \times Pr)$$

式中，Nu 为努塞尔数，$Nu=\dfrac{\alpha_d l}{\lambda}$；$\lambda$ 为流体的热导率；l 为定性尺寸，是沿流动方向上的长度，当跨越管道时，l 取管道的外径 d，当已知 Nu 数时，可由 λ 和 l 求出 α_d。

上述特征数方程常表示成式(3.25) 的形式：

$$Nu = (Gr \times Pr)^n \tag{3.25}$$

式中，Gr 为葛拉晓夫数，$Gr=\dfrac{g\alpha^3\beta(\Delta t)}{\nu^2}$；$g$ 为重力加速度；α 为定性尺寸；β 为流体的容积膨胀系数；ν 为流体的运动黏度；Δt 为流体与固体壁面的平均温差；Pr 为普朗特数，$Pr=\dfrac{\nu}{a}$；a 是流体的导温系数。

当流体流过水平圆柱体，而 $GrPr$ 值在$10^4 \sim 10^9$ 时，即所谓层流状态，$Nu=0.53(Gr\times Pr)^{\frac{1}{4}}$，该条件基本上与顶棚管帘制冷时的情况相符。因为顶部空气遇冷后即下降，故以 $t_b=18$℃、19℃、20℃，室温取27℃、28℃、29℃、30℃，管子直径 $d=0.01$m 的定性温度和定性尺寸，求出 $Gr\times Pr$ 值，代入式(3.25) 可以算出 α_d，再代入 $q_d=20\pi d\alpha_d(t_b-t_r)$，

求出对应 $1m^2$ 地板面积的对流供冷量 q_d，列入表 3.21 及图 3.31 中，由表 3.21 和图 3.31 得出在夏季设计室外温度下，当供冷水温度平均为 18℃、19℃、20℃时，可获得总冷量为 37～60.2W/m²，且对流换热远大于辐射换热量。

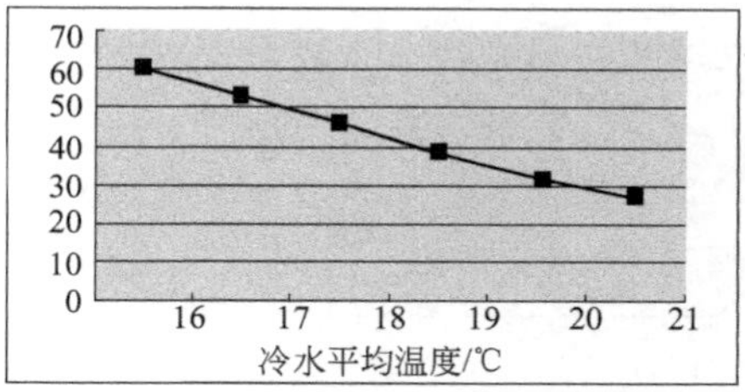

(a) t_{pj}=27℃时单位面积盘管帘供冷量

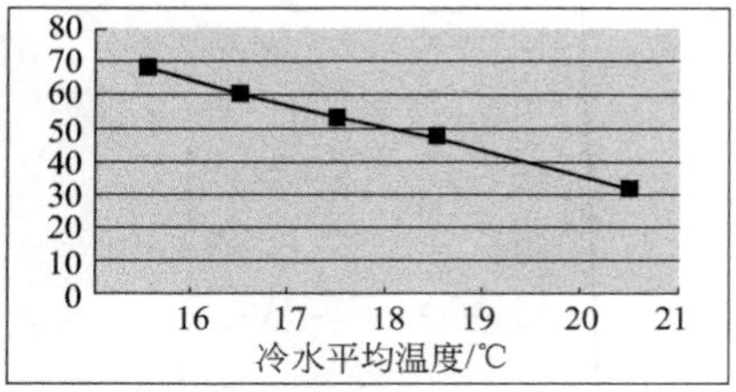

(b) t_{pj}=28℃时单位面积盘管帘供冷量

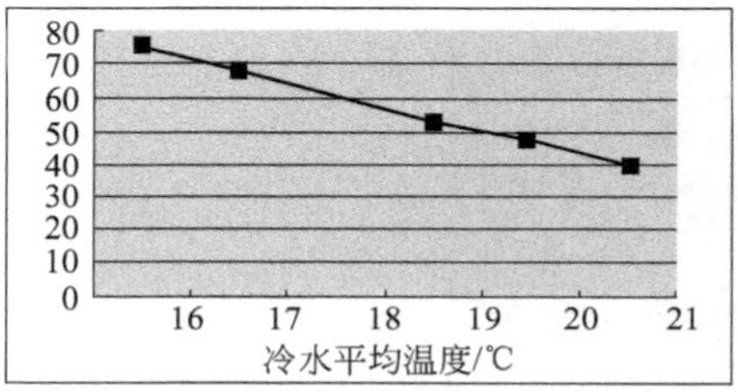

(c) t_{pj}=29℃时单位面积盘管帘供冷量

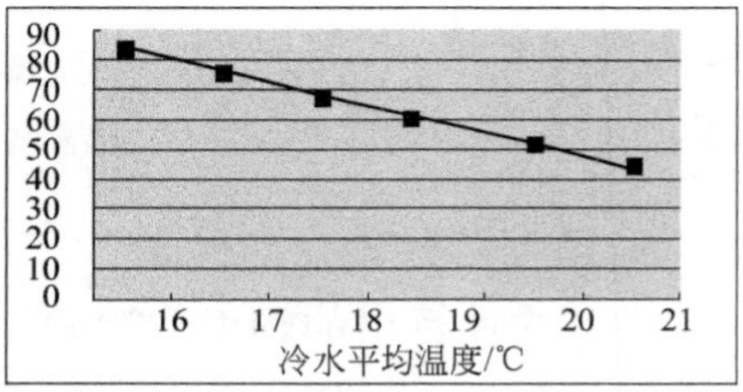

(d) t_{pj}=30℃时单位面积盘管帘供冷量

图 3.31　不同 t_{pj} 下的单位面积盘管帘供冷量（$t_{pj}=t_r+1$）

前述水平圆柱体对流换热的式(3.25) 用于加热是不确切的，因为在供热工况下空气受热会云集在顶板下，受顶板制约，流动缓慢，所以，对热面朝下的水平壁可由资料查得如下的特征数方程，即 $Nu=0.59(Gr\times Pr)^{\frac{1}{4}}$，即

$$\alpha_d=0.59\left(\frac{\Delta t}{l}\right)^{\frac{1}{4}} \tag{3.26}$$

式中，Δt 仍是 t_b 与周围空气的温差，即 $\Delta t=t_b-t_r$。

但受热的气流不是仅沿着水平方向运动，而是不断受排管柱体的扰动，属于扰动着的层流，故将 t_b = 29℃、30℃、31℃、32℃、33℃、34℃、35℃，室温 t_r = 18℃，及定性尺寸 1.0m 代入式(3.26) 求出 α_d，再代入式(3.24)，得出 $q_d=20\pi d\alpha_d\Delta t$ 列入表 3.22 中的 q_d 一项中，并与 q_f 相加，列入图 3.32，由图 3.32 可见，当平均水温为 29℃、30℃、31℃、

32℃、33℃、34℃、35℃时，薄型预制水管帘向房间的供热量为23.5～37.8W/m²，且辐射大于对流换热量。

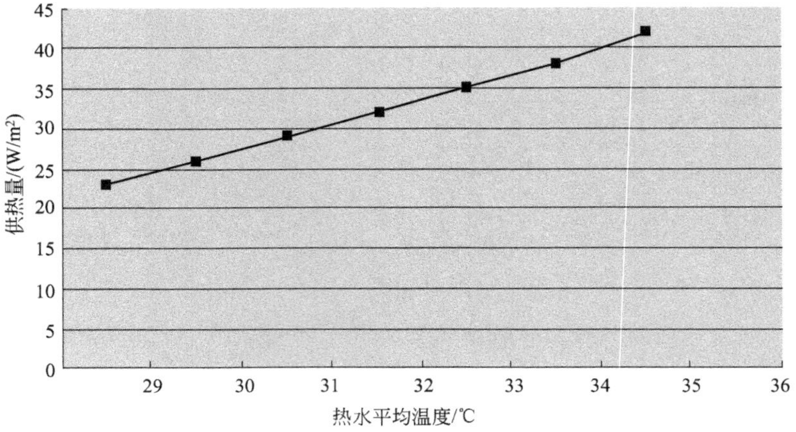

图3.32　冬季单位面积管帘供热量（t_r=18℃，t_{pj}=17℃）

3. 顶棚总供冷（热）量

将上述计算出的辐射供冷量、对流供冷量画在图3.31中，将计算出的辐射供热量和对流供热量画在图3.32中，表示了1m² 顶棚管帘的总供冷量和总供热量。

关于顶板辐射供冷，显然，本书所提供的冷量尚未经实践修正，但可以与《ASHRAE手册》中关于毛细管网抹灰或石膏一类的顶板辐射供冷量进行对比。例如，当毛细管ϕ3.35mm×0.5mm，以1.5mm间距制作的管网，吊在顶板下，下表面抹5mm石膏构成辐射板，当室温与冷水差为10℃时，其供冷量最高为110W/m²，最低不到60W/m²。而本书的管帘中的水管直径大，间距也大得多，当室温为27℃、t_{pj}=28℃时，上述的平均温差10℃所对应的供冷量为58W/m²（见图3.32），与其低值相近。

4. 辐射面位置对供冷（热）量的影响

从辐射换热来看，辐射面在地、顶和墙面上对辐射换热量的影响不大，条件是：其表面不是凹面，并被房间其他围护结构（门、窗、墙、地）内表面包围；但对流换热则不同。粗略来讲：地面供暖比墙面供暖减少6%，比顶板供暖大10%～11%，而供冷则相反。墙面供冷（热）的辐射面不宜太高，高度对墙面的换热影响比较大，且要注意避免直对大玻璃。

因此，本书推荐地面辐射采暖，顶棚供冷。由于墙面的辐射量与它们之间的差异仅为5%～6%，故不易给出数值结果，使用者可以适当加以修正。

薄型预制水管帘用于顶棚辐射供冷（热）时，相对现有的毛细管网，有管径大、接头少、刚度大、对水质要求较低等优点。在北京为代表的65%～75%的节能建筑中供冷（热）时，由于管间及与背板间的相互辐射，供暖水温比用于地板的平均温度高5℃左右，但仍为低温范围；供冷时，如室内空调工况按标准设定，则最低冷水平均温度为19℃左右，供冷量约为50W/m^{2}左右，可基本承受围护结构负荷。与新风置换通风配合，可实现温度、湿度独立控制，节能30%以上。

上述供冷（热）方式因不涉及地板结构，对于节能改造尤其是公共建筑更适合。对中小型建筑适用以空气源热泵为冷（热）源。

第八节　空气源热泵地板辐射供暖实践与示范工程

一、早期产品的工程应用

表3.23列出了早期产品的工程调研结果。

表3.23　早期工程调研结果（测试时间：2001年11月至2002年3月）

试点名称	××花园	××园	××公寓	××家园	×××园
建筑面积/m^2	88.6	90	86	102	122
保温等级及地板	外墙内保温，单塑框双窗，地面未装修	外墙保温，单铝框双玻，瓷砖地面	红砖墙，无保温，单铝门窗，瓷砖地面	外墙内保温，单层钢窗，主要房间为复合木地板	外墙内保温，单层塑钢窗，素水泥地面
朝向	南、西，南阳台	西，西阳台	东西向	南、西、北角，西北阳台	南北向，南阳台
周围邻舍采暖情况	有人居住，并有采暖	周围无任何居住采暖	周围有采暖	周围无采暖住户	周围有采暖
设置室温/℃	20	21	18	18	18
测试日期	1月23日至2月6日	12月7日至12月20日	11月16日至2月20日	2月8日至2月19日	12月23日至3月5日

续表

试点名称	××花园	××园	××公寓	××家园	×××园
平均电耗/[kW·h/(m^2·d)]	0.20	0.41(含家中所有电器)	0.29	0.25	0.13
索兰机组/hp	2.5	2.5	2.5	2.5	2.5

注：机组均以低温热水运行。

二、中期产品的工程案例

××新城是××市大型生活社区，用地 47.3 万平方米，总建筑面积 100 万平方米，统一安装了清华索兰空气源热泵地板采暖设备，现以其中 1 个有详细记录的住户为例，对该工程的节能减排情况进行分析。

建筑特点：高层，所在楼层为 7 层，南北朝向，建筑面积 122m²，2004 年完工。机组容量 FRS-12D，即制冷、12kW，实际总投资 2.196 万元，折合 180 元/m²（不包括制冷），冬季室温控制在 20～22℃，根据 2006～2007 年冬季用户的记录，2006 年 11 月、2006 年 12 月、2007 年 1 月总计用电 2940kW·h，若认为 2007 年 2 月、2007 年 3 月与 2006 年 11 月、2006 年 12 月用电量相同，则冬季耗电 4491kW·h，合 36.8W/m²，电价为 0.5 元/(kW·h)，则冬季运行费用为 2245.5 元，折合 18.4 元/m²，与燃气炉取暖价格相当，与电热膜地板采暖比节电 2460kW·h，即节电 60%。

三、近期的示范工程

2011 年 10 月，北京清华索兰环能技术研究所应××有限公司的邀请，在××家园以空气源热泵低温热水地板辐射供暖作为示范项目进行以下工作：①采暖热负荷校核计算；②测试方案的补充；③测试数据整理、分析；④空气源热泵机组安装、运行调试、维护等。热泵机组为 2.5hp，地板为××有限公司的薄型预制沟槽辐射地板，自 2011 年至 2012 年冬季，共计测试 105 天，获得了满意的结果。

1. 建筑特点

××家园小区内楼房均为 17～22 层板楼。本样板房位于 8 层，房型属南北通透户型。本栋楼外围护结构为钢筋混凝土外墙加外保温做法，整体厚度为 30cm，其中保温层厚度为 5cm。外窗为塑钢框，中空玻璃。本房建筑面积为 82m^2，户内为 59m^2。

2. 供暖系统基本情况

地板整体厚度为 30cm，自下而上依次为 15mm 厚高压挤塑保温板、50μm 铝箔反射层、多孔固定板。地暖管采用 ϕ10mm×1.5mm 的 PE-RT 地暖盘管，间距 5cm。填充层由 3cm 厚、1∶3 水泥砂浆构成。面层材料为 1.2cm 厚复合木地板。本房型共分三个区：即主卧、次卧及客厅。每个房间内装置一个室温显示板显示室内温度，以朝北房间室温为准来控制热泵启停，这样可以确保测试数据的准确性。此外，每个房间单独设置一个地板表面温度计，测量和记录地面温度。

3. 采暖负荷计算

××家园的采暖设计负荷依据：不包括公摊的采暖建筑面积为 59m^2，室内设计温度 20℃，室外设计温度－7.8℃，外墙传热系数0.6W/(m^2·℃)，外窗 2.6W/(m^2·℃)，采暖设计负荷为 2073W，其中冷风渗透负荷为 348W，占 16.8%左右，单位面积负荷 34.55W/m^2，考虑了相邻不采暖的因素，地板向下热损失取 15%，则采暖设计供热量为 2438.9W。

4. 系统控制方式

采用北向房间温度控制机组启停调节方式，并限制水温不超过 35℃。

5. 仪表补充与实测数据整理

原有仪表：量热表一台，用于定时测供、回水温度，流量及电量，另有各主要房间室温、地板表面温度及地埋管表面温度显示器共三套。

自 2011 年 12 月下旬，加装地板表面热流计 10 块（设在典型位置）、热电偶温度传感器 10 支（限于条件，紧固在管道铜接头外表面上）。测量供回水温度并进入自动数据采集器，加装的原因如下：

① 热泵在室温控制下，以启停方式运行调节供热量时，量热表不能反映间断流动的供、回水温度；

② 量热表的设计只适应大温差，例如 10℃以上的热水供暖系统。

因此，该量热表的温差读数从 3℃起始，而热泵的供回水最大设计温差为 6℃，且一般该温差仅在最大采暖负荷时出现，室外温度不低时，根本没有这样大的温差，加之量热表的感温元件是安装在水平直管段的水中，误差太大。

表 3.24 中列出以原有仪表测试读数为依据的结果，由该表可见，该供暖系统在 2011 年 11 月及 12 月上旬节能率都在 70%以上。12 月下旬供暖负荷加大，发现由于原热泵与系统对接的水流量不足够大及控温方案的制约，循环水泵运行时间过长，所以 COP 有所下降，在恢复集分水器上原关闭的电动三通阀与跨越管上的阀门后，如表 3.24 所示，2012 年 1 月上旬节能率达到 70.3%。

表 3.25 是补充地面上的热流计以后的测试数据，该表中的热流一项数据反映了地板向上的供热量（W/m^2）。在室温 21～22℃时，数据均验证了该测试房的负荷计算的准确性。

表 3.24　原有测试仪表数据

时　　间	天数	平均室温/℃	平均室外温度/℃	阶段平均供热量/(W·h)	阶段总耗电量/(kW·h)	平均COP	节能率
2011 年 11 月 10 日至 2011 年 11 月 30 日	19	20.00	3.40	1743－118①	337.1	2.95	66%
2011 年 12 月 1 日至 2011 年 12 月 15 日	14	20.00	－1.96	2305－118	222.1	3.10	68%
2011 年 12 月 15 日至 2011 月 12 月 23 日	8	20.00	－1.00	2205－118	142.8	2.48	60%
2012 年 1 月 1 日至 2012 年 1 月 10 日	9	21.30	－2.52	2501－118	189.4	2.63	62%
2012 年 1 月 10 日至 2012 年 1 月 17 日	6	20.70	－0.99	1903	109.9	2.49	60%
2012 年 1 月 18 日至 2012 年 2 月 1 日	14	19.46	－2.85	3097	395.8	2.45	59%
2012 年 2 月 1 日至 2012 年 2 月 27 日	26	20.58	－1.86	2356－118	406.9	3.43	71%
2012 年 3 月 1 日至 2012 年 3 月 15 日	14	20.63	1.67	1990.7－118	130.2	4.83	79%

① 阶段平均供热量中的 118W·h 为人体和电视机的热负荷。

注：24 日、25 日机器故障停机，26 日上午 11：00 重新开机，故去除这一周的数据。

表 3.25　补充测试仪器数据

日　　期	地板向上热流密度日平均值/(W/m^2)	室外日平均温度/℃	室温平均值/℃	备注
2011 年 12 月 30 日	28.01	－2.33	20.17	调整室温下限为 19℃，地板有蓄热放出
2011 年 12 月 31 日	15.13	－0.75	21	
2012 年 1 月 1 日	25.73	－0.94	20.50	
2012 年 1 月 2 日	15.76	－1.92	19.67	
2012 年 1 月 3 日	20.62	－3.33	19.67	

续表

日期	地板向上热流密度日平均值/(W/m^2)	室外日平均温度/℃	室温平均值/℃	备注
2012年1月5日	23.56	−2.43	21.28	调高室温
2012年1月6日	24.03	−3.02	21.31	
2012年1月7日	27.50	−2.99	21.28	下雪，最低气温−7～−8℃
2012年1月8日	29.84	−1.88	21.25	
2012年1月9日	18.94	−1.99	21.04	

6. 分析与结论

① ××家园住宅采暖示范房属节能建筑，建筑节能率约为65%。

② 该示范房中采用的空气源热泵薄型预制地暖系统经2011年至2012年冬季在现场测试，取得105天数据，整理结果为冬季采暖平均能效比为3.17，节能率高达68.45%。室温平均20.3℃，供水温度小于33℃，总耗电2100kW·h，按建筑面积82m^2计，折合每平方米23.8kW·h/季，采暖季的平均负荷为2171W，单位面积的负荷为26.4W。

③ 测试期间××薄型预制地板，管内水流速>0.25m/s，无气堵问题。

④ 实测数据表明，冬季供水温度<35℃，地板表面<24℃，符合低温辐射地板的技术要求，见表3.26。

表3.26 地板表面与供水温度最高值举例

日期	地表温度最大值/℃	供水温度最大值/℃	备注
2011年12月15日至2011年12月23日	23.6	33.6	供水温度由于测试点在管外，比实际值低约2℃
2012年1月1日至2012年1月10日	23.7	32.9	

综上所述，该采暖方式适用于以北京为代表的寒冷地区采暖。

第九节 太阳能、空气源热泵除湿

一、市场上现有除湿机使用情况

市场现有冷却除湿是利用湿空气在低于露点的冷表面上凝结降温的原理构成的。它需要利用压缩机在较低的蒸发温度下运行，因而耗电较多，有时还需再热才能送风，并且在高湿时，由于冷表面的水膜加厚形成热阻，使降湿能力受限，此外，用这种除湿机的表面上容易滋生细菌等污物，不利于人体健康。且这种除湿方式不适用于露点温度低于4℃的情况。上市的液体除湿机，能量回收技术有较高的水平，因而能效比很高，但因工质有腐蚀性，部分部件暂时为进口，价格贵，难以小型化。

至于半导体除湿，不能处理室外新风送至室内，只适用于卫生间、储藏室等小房间，还需辅助人工操作。

二、固体吸附除湿——硅胶和水吸附对的优势

吸附作用是固体表面分子对周围气体分子的吸引（或释放）作用，这种现象在自然界普遍存在。有一类物质是多孔的或细粉的表面，因而它与表面上的气体接触面积很大，当其表面上的分子脱离它而返回气体中，与其上的气体分子之间产生推动力时，则气体被吸附到表面上，反之，表面上的分子脱离返回气体。前者称为吸附，后者称为脱附或再生。

有多孔表面的固体物可称为吸附剂，而被吸附或脱附的气体称为吸附质。它们是互相作用的一对，称为吸附对，例如硅胶与水汽就是一个吸附对。利用硅胶吸附湿空气中的水分即固体吸附除湿。由于硅胶是众多吸附剂中对水汽吸附性较好，而脱附再生需要温度较低的一种，而且无毒、无臭、无腐蚀性又价廉，所以在食品、药品业中被广泛采用。图3.33为硅胶对水的等温吸附曲线。

图3.33中的横坐标是硅胶在湿空气中处于分子动平衡状态时的水蒸气分压力（以mmHg表示，1mmHg＝133.322Pa），纵坐标表示硅胶中吸水量与其干燥状态下自重的比（如果使用变色硅胶可以其深蓝色为准）。由图3.33可见，硅胶温度为55℃以上，无论水蒸气分压力多大，其含水率皆不超过10％，而当硅胶温度在25℃以下时，只有当硅胶处于高湿，即高于15mmHg水蒸气分压力时，其含水率才能达到35％以上。

由此可见，硅胶再生只需要将其加热到55℃以上，而令其再生后，如将其冷却到25℃以下，对于一般的热湿空气都可使其吸附达到25％左右的水分。

三、一种内源式固体吸附除湿装置

它是以硅胶为吸附剂，将其与金属纵向翅片管簇双表面翅片紧密结

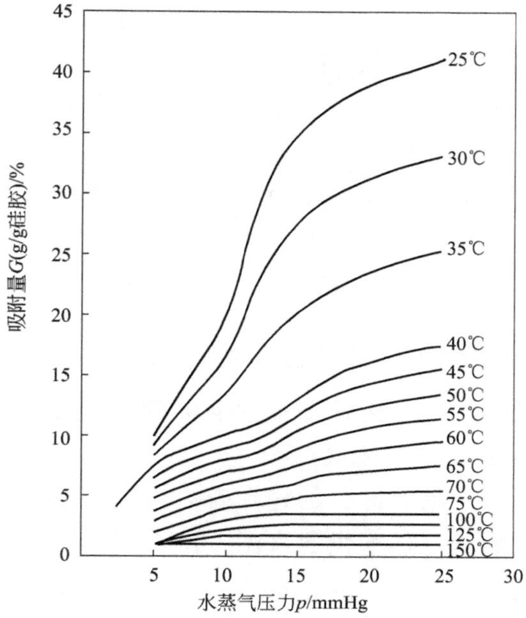

图 3.33 硅胶对水的等温吸附曲线

(1mmHg=133.322Pa)

合，翅片管簇组合系统与水或制冷剂管道连接，管道内通入冷热水或高低温制冷剂，对硅胶进行加热再生及冷却吸附。翅片管簇置于竖向风道内，风道上部装有排气口阀，侧面有进风口阀、出风口阀、进水出水口、电动阀等部件，被处理的空气从风道中流过。当管道中通入 65℃左右的冷热媒时，上部的排气阀打开，进出风口的阀门关闭，热传到翅片表面的硅胶，使其能脱附并由水蒸气自排气口排出，直至再生过程完成后，管道中再通入 13～16℃的冷媒冷却翅片和其上的硅胶使之降温，同时上部的排气口关闭，进出风口阀打开，被处理的空气流经此时的翅片上的硅胶表面，其中的水蒸气被吸附直到饱和状态，吸附过程完毕，继续下一次再生。如此周期性地切换阀门再生与吸附循环进行。

一般上述的风道为成对安装，以便在控制器的作用下，以相同的周期交替运行，使出风口连续送出处理后的空气。

由于本除湿机是在硅胶被冷却后进行吸湿的，并且是从硅胶层的内部进行加热冷却的，没有第三方从外部参与交换，因此称为内源式除湿装置。设计的翅片管上的硅胶与管内流体最大温差不超过 10℃，所以，管内通入 65℃热媒时，硅胶可以达到 55℃左右。从图 3.33 可见，此时硅胶内的含水率不超过10%，即已获得再生。而当管道内通入13～16℃的冷媒时，翅片上硅胶的温度不高于25℃。根据图3.33，其含水率可达到35%以上，即硅胶吸附了流过它表面的湿空气的水分，并且可使湿空气降温，此时，通过风道内的风机可将干凉的新风送入房间，可见，这种除湿方式再生温度不高，可利用太阳能和空气源热泵作热源，又由于它的吸附过程需要高温冷媒，利用空气源热泵制冷剂可以节能30%左右。如果翅片与硅胶之间热阻进一步降低则再生温度可以更低。

四、内源式固体吸附除湿机性能的实验研究

内源式除湿机的管翅结构皆采用紫铜材料，经测试，翅片平均肋化效率大于0.95，说明其传热效率高。

再生过程试验：在粘有硅胶的翅片管内通入每小时1m^3 55℃的热水，发现排气温度由低到高，热水供回水温差由大到小，当再生完毕时湿度变化很小，平均水温与硅胶表面温差约5～8℃，图3.34、图3.35、图3.36为实际测试时再生工况的进出口水温差、排出湿气温度变化以及硅胶与热水的平均温差。

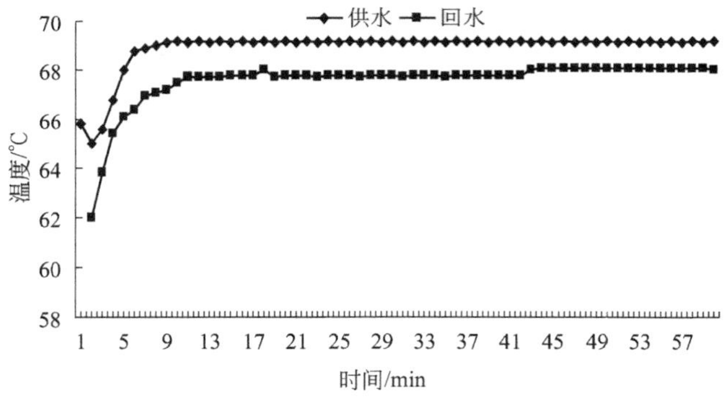

图3.34　再生工况的进出口水温差

在吸附过程中，被处理的湿空气按北京地区夏季空调设计工况控制。即干球温度为33℃左右，湿球温度为26℃左右，通入冷水温度为14℃左右，保持不变，风量为238m^3/h，在1h内出风干球温度与相对湿度逐渐上升，但均在24～25℃、45%～50%范围内，由湿空气的物性可知，其进风的湿度为18g/kg干状态，出风的湿度为10g/kg干状态，单位除湿量在7～8g/kg，见图3.37、图3.38。

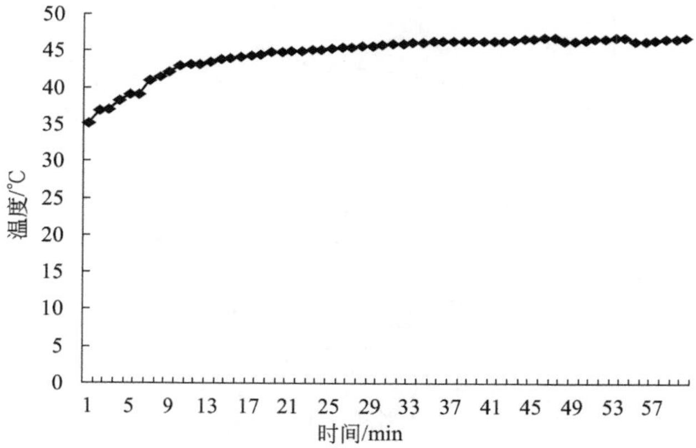

图 3.35 排出湿气温度变化

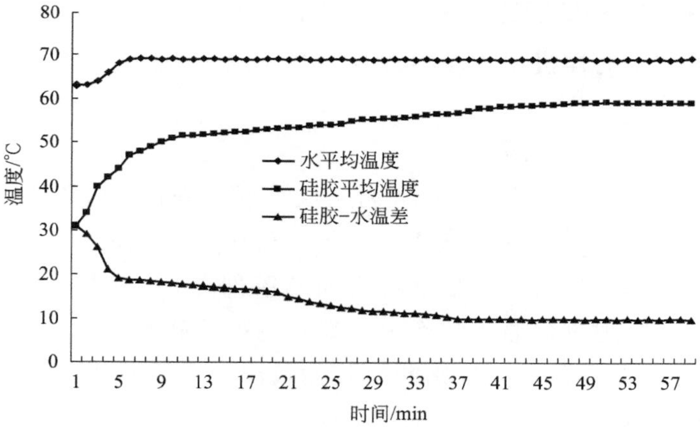

图 3.36 硅胶与热水的平均温差

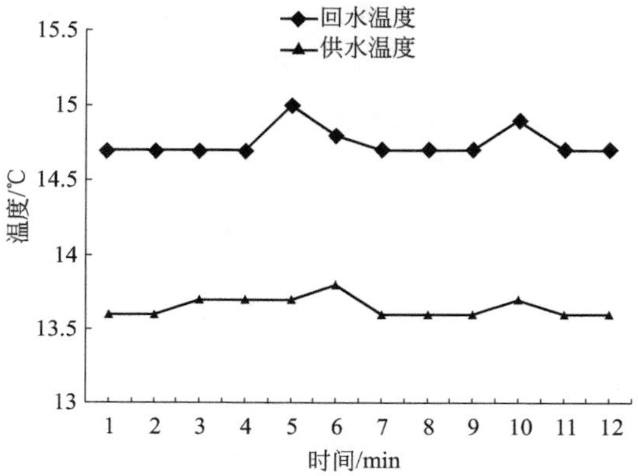

图 3.37 吸附时进出口水温度变化曲线

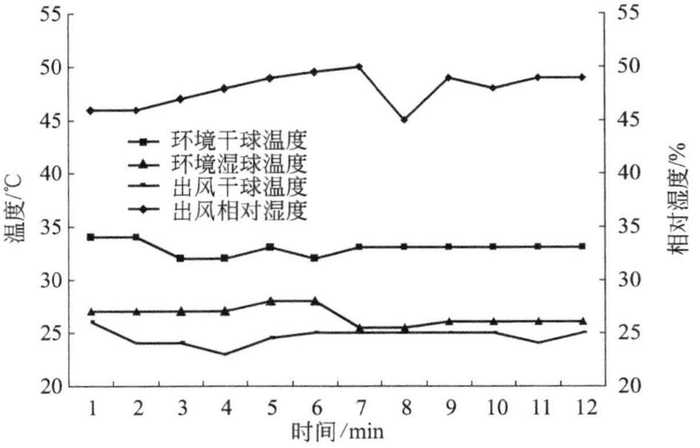

图 3.38　吸附时进出风参数变化曲线

五、关于除湿机的处理空气量与热平衡计算

以上述试验的样机、试验参数及结果为例进行理论验算，从而得出设计除湿机的计算方法。

1. 除湿量与处理风量

由图 3.38 可知，除湿机在 1h 内完成吸湿过程，单位除湿量在 7～8g/kg 干状态，由于测量中存在误差，取 6～7g/kg 干状态。该除湿机的翅片表面硅胶总重为 6.6kg（忽略颗粒表面粘胶部分），根据再生完成后，硅胶的温度以及吸附过程通入的冷水温度和测得的硅胶表面与水的温差并由图 3.33 的性能曲线可以大致判断硅胶的吸湿总量为其干状态自重的 25% 左右，硅胶的吸湿量计算公式为：

$$W_d = M\eta_s \qquad (3.27)$$

式中　W_d——硅胶的总吸湿量，kg，如在 1h 内完成，则为 kg/h；

M——硅胶再生后的总质量，$M=6.6$kg；

η_s——硅胶自一个状态变化至另一个状态的吸湿百分率，$\eta_s=25\%$。

经计算得知硅胶的吸湿量为 1.65kg。

2. 被处理的风量

由式(3.28) 可计算：

$$l = \frac{W_d}{D} \times \frac{1000}{\rho} \qquad (3.28)$$

式中　l——被处理的风量，m^3/h；

D——单位除湿量，g/kg 干状态；

ρ——进出口平均温度下的空气密度，$\rho=1.1\text{kg/m}^3$。

代入式(3.28)，$l=1.65\times1000/(6.5\times1.1)=231\text{m}^3/\text{h}$，实验风量为 $238\text{m}^3/\text{h}$，相差不大。

3. 除湿机再生热平衡

随着进行再生过程，硅胶从吸附的冷态升温至热态需要相当热容量的热，起始时的加热量大，供水温度上升，硅胶水汽开始排出，而后硅胶变干，水分蒸发量减小，所需加热量也减小，直至进出水之间没有温差为止，再生过程结束，其加热量是变化的。

我们讨论其 1h 内的平均值，即硅胶中水蒸发所需的热量（在硅胶 55℃左右）。

计算公式：

$$Q_z=W_d\Delta i \tag{3.29}$$

式中　Δi——硅胶中水变蒸汽蒸发时的焓差，$\Delta i=2370\text{kJ/kg}$。

计算得出硅胶中水蒸发所需的热量为 3910kJ。

实验所述的过程是在 1℃左右的供回水温差下完成的，需要热水量的计算公式为：

$$M_R=\frac{Q_z}{c_p\Delta t} \tag{3.30}$$

式中　Q_z——硅胶中水蒸发所需的热量，kJ；

c_p——水的比热容，$c_p=4.18\text{kJ/(kg}\cdot℃)$；

Δt——供回水的温差，$\Delta t=1℃$。

计算可得所需水量为 935kg/h。另外在计算中考虑热容量损失，热容量损失系数为 15%，计算得水量为 1.1t/h 左右，数值与实验相符。

4. 除湿机吸附过程热平衡

除湿机进口空气温度为 33℃，湿球温度为 26℃左右，焓值为 80.5kJ/kg，出口送风温度为 24～25℃，相对湿度 45%～55%，焓值为 50.3kJ/kg，运行 1h 送风的总冷量：

$$Q_L=L_f\times\rho\times\Delta i=250\times(80.5-50.3)=7550\text{kJ/h}=2097\text{W} \tag{3.31}$$

此冷量由 14～16℃的冷水供给，实验时的冷水温差为 1.2℃，冷水量为 1505kg/h。考虑翅片管的热容量，冷水量应比试验测出的冷水量 1t/h

大许多。

六、太阳能、空气源热泵温、湿度独立除湿降温空调系统

21 世纪，江亿等开发出溶液除湿新风处理机组，并在多处进行了温、湿度独立控制空调工程实践，证明了前述的节能效果。业内专家称之为暖通技术的一次革命。

但是，迄今为止，除湿系统都未曾成功地利用太阳能除湿，原因是其再生温度过高（大于 83℃），即使太阳能集热器系统能满足但效率很低。本书前文介绍了地板供冷的发展现状，如××公寓地板供冷与供暖共用一体的优点，它还具有温度分布均匀、低噪声等优点，在配合新风除湿换气的条件下，不但不会结露，还提高了空气品质。人们担心地板供冷对流换热较弱，但由于人体与地板之间的辐射换热的角系数大于天花板，所以，它的辐射供热量不比天花板小。人们的另一个担心也被实践打破，即“脚下凉，头顶热”造成不舒适，甚至有碍健康，事实是在有新风除湿的条件下，地板表面温度可以≥20℃，不会对人体造成不适。其次，如果有除湿后的新风和排风在人体上的扰动，较之以 2～3m/s 的冷风，吹到人体的冷气流要更舒适。采用 65℃的热媒，可使硅胶再生的除湿装置是利用太阳能除湿的创举，下面介绍两个太阳能除湿与地板供冷暖结合的实例。

1. 北京市××厂办公用房工程

（1）建筑概况　该建筑位于北京××厂内，为办公 1 层东西走向的平屋顶连排房。建筑每间的尺寸为 5m×3m，共 5 间。外墙为 240mm 墙内置保温，南向加 1m 宽的暖廊，暖廊东侧为进门，建筑面积为 $105m^2$。末端为水盘管混凝土辐射地板陶瓷面砖。除南向外，围护结构的平均传热系数为 $0.8W/(m^2 \cdot K)$（含冷风渗透在内）。见图 3.39。

（2）系统介绍　北京××厂主被动结合太阳房系统见图 3.40。

① 夜间加保温窗帘增加被动暖房的保温性能，下部有高为 30cm 的保温墙。被动式暖廊上下为可开启的窗户，窗户开启时有利于暖廊内空气的流动。

② 屋顶安装主动式真空管集热系统，其特点是用家用型热水器串联式，集热器面积为 $18m^2$，采用长度为 1.8m、外径 58mm 的 102 根管子，水箱容积 1500kg，倾角为 45°。

图 3.39　北京市××厂办公用房暖廊外观

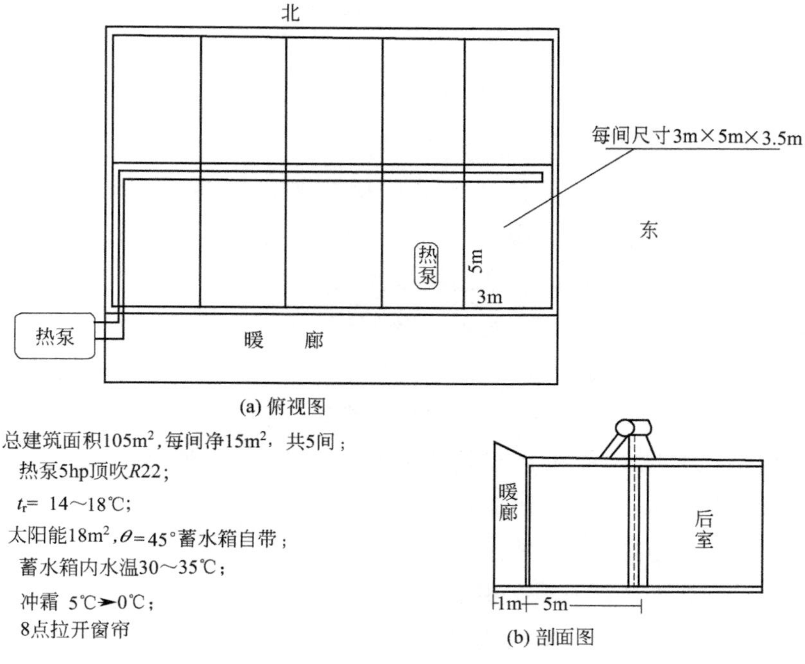

图 3.40　北京××厂主被动结合太阳房系统

③ 采用5hp空气源热泵作为热源和冷源，配置750L的蓄水箱。

④ 真空管集热系统与热泵系统结合采用地板辐射供冷暖。

⑤ 采用太阳能固体吸附除湿系统。

⑥ 除满足建筑采暖空调外，太阳能热水还可提供厂内职工洗浴。

(3) 运行模式　地板辐射采暖系统的热源是三个方面，即南向暖廊的被动式暖房、真空管集热系统、风冷热泵蓄水箱系统。地板辐射采暖系统的热源是三者的集成，三种热源集成系统的地板采暖，见图3.41。

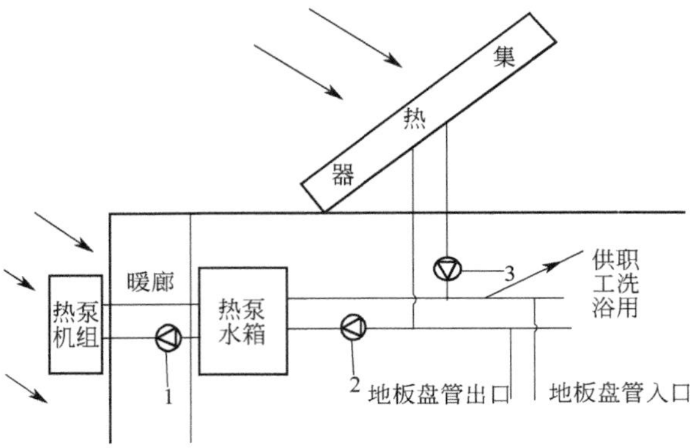

图3.41　三种热源集成系统地板辐射采暖

1—热泵机组水泵；2—热泵蓄水箱水泵；3—太阳能系统水泵

热水系统的启停是由室温上下限自动控制，室温的下限为14℃，上限18℃。热泵蓄水箱水温下限为30℃，上限为35℃，在此范围内的热泵运行向蓄水箱蓄热。太阳能集热系统采用自然循环集热。此外，热泵蓄水箱和太阳能系统各自由水泵与地板盘管相连。

白天为被动式太阳能供暖，16:00日落后，太阳能主动式集热系统供暖。当水温低于25℃时热泵蓄水箱水泵供暖。在白天太阳辐射不足（即被动式供暖不足）时，热泵蓄水箱水泵启动向地板供热。

16:00以后的系统运行流程见图3.42。

上述运行设计的出发点是：

① 将热泵与太阳能采暖分开运行，使彼此的效率不相干扰；

② 空气源热泵机组与蓄水箱配合尽量在白天运行，提高效率；

③ 充分利用白天被动式太阳能供暖。

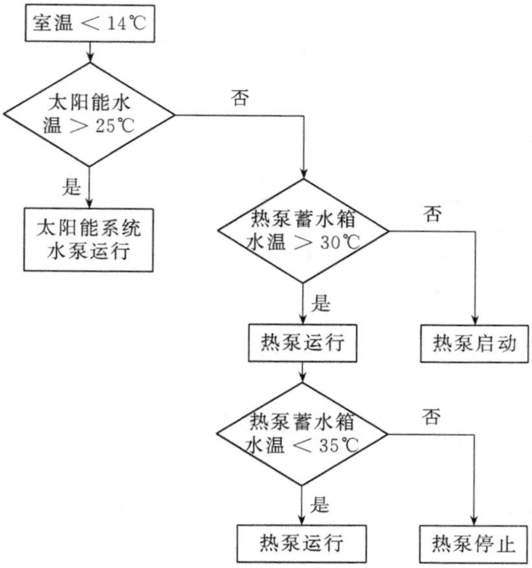

图 3.42　地板辐射采暖 16：00 后系统运行流程

（4）测试及分析　上述的出发点被下列运行测试记录所证实。测试日期为 2010 年 1 月 20 日至 29 日（含大寒日、三九天），以下以 21 日、22 日为例，测试数据列于表 3.27。

表 3.27　2010 年 1 月 21 日至 22 日测试数据

时间	8:00	9:00	10:00	11:00	12:00	13:00	14:30	15:30	17:00	18:00	19:00	20:00	1月22日 8:00
室温/℃	15	15	15	14.5	15	15	16	16	16	16	16	16	
被动式太阳能		■	■	■	■	■	■	■					
风冷热泵运行							■						
蓄水箱水温/℃	30.3	30.2	30.1	30	30	29.9		33.3	33.1	32.9	32.8	32.7	
太阳能水泵运行										■	■	■	■
蓄水箱水泵运行								■	■				

时间	8:00	9:00	10:00	11:00	12:00	13:00	14:00	15:00	16:00	17:00	18:00	19:00	20:00	24h 总耗电
室温/℃	14	14	14	15	15	16	16	16	15.9	16	15	16	16	20.5
被动式太阳能		■	■	■	■	■	■	■						

续表

时间	8:00	9:00	10:00	11:00	12:00	13:00	14:00	15:00	16:00	17:00	18:00	19:00	20:00	24h 总耗电
太阳能水温/℃	27.5	26.5	29.8	32.3	36.7	40.8	44.5	46.6	49.8	50.9	50.3	32.7	32.8	
风冷热泵运行		■	■	■										
蓄水箱水温/℃	30	26.8	30.0	32.3	34.3	34.8	34.6	34.3	32.5	32.4	32.1	31.7	31.5	
太阳能水泵运行												■	■	
蓄水箱水泵运行									■	■	■	■	■	

注：1. 因为晚上热泵蓄水箱水泵和太阳能系统水泵运行，压缩机并未运行，所以耗电量很小，在24h内的耗电量为1346.5－1343.5＝3kW·h。

2. 因为控制有误，风机一直在运行，风机的功率为250W。另外太阳能水泵、蓄水箱水泵功率均为230W。

3. 1月21日至22日设定室温14℃×24h耗电3kW·h，用户反映天冷要提高设定温度。

4. ■表示系统运行。

由表3.27可知，该建筑白天由被动太阳能提供供暖热量，因该建筑南立面被高大车间遮挡，1月份仅有散射阳光，仅此就可以支持室内温度在14℃以上，并且没有过热。所以以暖廊或直接受益式的被动式太阳能设施白天供暖在这种建筑负荷下有散射光就可以满足。但日落后是由主动式太阳能集热器的蓄热和空气源热泵的蓄热维持供暖的。建筑面积与集热面积之比是5.8∶1，每平方米建筑面积空气源热泵蓄水容量是10L，实测结果与预测吻合。

综上分析可知：①上述太阳能-热泵采暖房在北京地区2001年1月20日至29日，即三九天，共10天（平均室外温度－3.15℃，维持室温14℃以上）的耗电量，共计119.6kW·h，平均每天每平方米耗电0.114kW·h。该用户反映十分满意，与同比建筑烧锅炉的人工与煤价相差悬殊。②该建筑能耗低的主要原因是蓄热配置恰当，即太阳能集热器每平方米蓄水量83kg；空气源热泵5hp机蓄水箱容积750L，蓄热量＝750×5×4.18＝15675kJ；地板蓄热每平方米温升（降）1℃时，蓄（放）热83kJ，75m^{2}共能蓄（放）热622.5kJ。

例如：1月22日凌晨最低室外温度为－12℃，8:00室温降到14℃。同时热泵水箱的温度在8:00点降到30℃，热泵启动4个多小时，热泵水箱温度升到35℃。该太阳能辐照量接近15MJ/m²，太阳能热水器水温从27.5℃升到50.9℃。由被动式太阳能维持室温一直到18：00。日落后，太阳能水泵运行放出热量为1500kg×(50.9－27.5)℃×4.18kJ/(kg·℃)＝146718kJ，考虑散热损失，总放热量为146718kJ×0.9＝132046.2kJ。热泵水箱放热为750kg×(35－30)℃×4.18 kJ/(kg·℃)×0.9＝14107.5kJ。地板放热83kJ/(m²·℃)×75m²×2℃＝12450kJ。三项相加为132046.2kJ＋12450kJ＋14107.5kJ＝158603.7kJ＝44.06kW·h。单位建筑面积的负荷为44.06kW·h/(16h×105m²)＝26.2W/m²。

1月22日18：00到1月23日8：00室外气温是－6℃左右，所以上述的平均负荷接近设计负荷。

2. 一个桑拿天凉爽宜人的展厅

清华阳光太阳能设备厂，一楼展厅建筑面积230m²，建筑外墙与展板构成空气夹层，二楼为办公室（有空调）。展厅有邻外的屋顶面积约60m²，西外墙40m²，其余为非空调邻室，原来的设计中不含新风的空调负荷为31W/m²，冬夏季共用辐射地板进行采暖降温。二楼屋顶安装了160m²真空管太阳能集热器，倾角55°，并在一楼设备间设有1.5t蓄水箱，冬季向一楼和二楼地板供暖；夏季固体吸附除湿机的硅胶再生，另设有一台15hp空气源热泵，冬季作为太阳能供暖的辅助热源，夏季供除湿机吸附制冷，除湿机向一楼展厅供新风量为400～800m³/h。展厅外的除湿机系统见图3.43。

2010年7月23日（大暑）北京地区的“桑拿天”，最高室外干球温度36.8℃、湿球温度27℃（持续了4h），相对湿度50.6％（均超过设计工况）。当日，有太阳能热水器对除湿机再生后，空气源热泵向除湿机送冷水，冷水平均温度为13℃。由实测得出当天以下数据：室内温度27℃、相对湿度66％（15：00～17：00），地面温度21.5℃，围护结构内表面平均温度27℃，新风送风状态温度为24.6℃、相对湿度为76％。

按实测数据计算：地板辐射供冷量5.5W/(m²·℃)×(27－21.5)℃＝30.25 W/m²；地板对流供冷量1W/(m²·℃)×（27－21.5)℃＝5.5 W/m²；新风负荷为400m³/h×1.15kg/m³×(85－62) kJ/kg＝2.94kW；单位面积的新风负荷为2940W÷230m²＝12.78 W/m²；三项相加负荷为30.25 W/m²＋12.78W/m²＋5.5 W/m²＝48.53 W/m²，其中新风负荷

图 3.43　展厅外的除湿机系统外观

占 26.3％。

值得提出的是，进入该展厅的人群无不称赞舒适，这就打破了以往对地板辐射供冷的疑虑。其原因是建筑的节能使围护结构的内表面温度比较低，新风比较适宜。该系统冬季采暖节能 78％～80％，夏季节能 60％。目前正在考虑过渡季的储热问题。

附录

附录一　饱和氟利昂22蒸气表

温度 t /℃	绝对压力 /bar①	比容/(L/kg)		比焓/(kJ/kg)		比潜热 r /(kJ/kg)	比熵/[kJ/(kg·K)]	
		v'	v''	i'	i''		S'	S''
−55	0.497	0.689	415.07	137.92	380.60	242.68	0.7483	1.8606
−50	0.646	0.695	324.82	143.92	383.09	239.99	0.7718	1.8473
−45	0.830	0.702	257.23	148.40	385.55	237.15	0.7952	1.8347
−40	1.053	0.709	205.95	153.80	387.97	234.17	0.8186	1.8229
−35	1.321	0.717	166.57	159.30	390.34	231.04	0.8418	1.8119
−30	1.640	0.724	135.98	164.89	392.65	227.76	0.8649	1.8016
−25	2.016	0.732	111.97	170.58	394.90	224.32	0.8880	1.7919
−20	2.455	0.740	92.93	176.33	397.07	220.74	0.9108	1.7827
−15	2.964	0.749	77.70	182.17	999.17	217.00	0.9335	1.7740
−10	3.550	0.758	65.40	188.06	401.18	231.12	0.9559	1.7658
−9	3.677	0.760	63.23	189.24	401.57	212.33	0.9603	1.7612
−8	3.807	0.762	61.15	190.43	401.96	211.53	0.6948	1.7626
−7	3.941	0.764	59.16	191.61	402.34	210.73	0.9692	1.7610
−6	4.078	0.766	57.24	192.81	402.73	209.92	0.9736	1.7594
−5	4.219	0.768	55.39	194.00	403.10	209.10	0.9781	1.7579
−4	4.364	0.770	53.62	195.20	403.48	208.28	0.98250	1.7563
−3	4.512	0.772	51.92	196.40	403.85	207.45	0.9869	1.7548
−2	4.664	0.774	50.28	197.59	404.21	206.62	0.9912	1.7533
−1	4.820	0.776	48.70	198.79	404.57	205.78	0.9956	1.7517
0	4.980	0.778	47.18	200.00	404.93	204.93	1.0000	1.7502
1	5.143	0.780	45.72	201.20	405.28	204.08	1.0043	1.7488
2	5.311	0.782	44.32	202.41	405.63	203.22	1.0087	1.7473
3	5.483	0.784	42.96	203.62	405.98	202.36	1.0130	1.7458
4	5.659	0.786	41.66	204.83	406.32	201.49	1.0174	1.7444
5	5.839	0.788	40.40	206.03	406.65	200.62	1.0216	1.7429
6	6.023	0.790	39.10	207.25	406.99	199.74	1.0259	1.7415
7	6.211	0.793	38.02	208.45	407.31	198.86	1.0302	1.7400
8	6.404	0.795	36.89	209.67	407.64	197.97	1.0345	1.7386

续表

温度 t /℃	绝对压力 /bar①	比容/(L/kg)		比焓/(kJ/kg)		比潜热 r /(kJ/kg)	比熵/[kJ/(kg·K)]	
		v′	v″	i′	i″		S′	S″
9	6.601	0.797	35.80	210.89	407.96	197.07	1.0387	1.7372
10	6.803	0.799	34.75	212.10	408.27	196.17	1.0430	1.7358
12	7.220	0.804	32.76	214.54	408.88	194.34	1.0515	1.7330
14	7.656	0.809	30.91	216.98	409.48	192.50	1.0599	1.7302
16	8.112	0.814	29.17	219.44	410.06	190.62	1.0682	1.7275
18	8.586	0.819	27.56	221.88	410.61	188.73	1.0765	1.7248
20	9.081	0.824	26.04	224.35	411.15	186.81	1.0848	1.7220
22	9.597	0.829	24.62	226.80	411.66	184.86	1.0930	1.7194
24	10.135	0.835	23.29	229.26	412.15	182.89	1.1012	1.7167
26	10.694	0.840	22.05	231.74	412.62	180.88	1.1093	1.7140
28	11.275	0.846	20.88	234.21	413.06	178.85	1.1174	1.7113
30	11.880	0.852	19.78	236.70	413.49	176.79	1.1255	1.7086
32	12.508	0.858	18.74	239.18	413.88	174.70	1.1335	1.7660
34	13.160	0.864	17.77	241.68	414.25	172.57	1.1414	1.7033
36	13.837	0.871	16.85	244.18	414.59	170.41	1.1494	1.7006
38	14.510	0.877	15.99	246.69	414.91	168.22	1.1572	1.6979
40	15.269	0.884	15.17	249.21	415.19	165.98	1.1651	1.6952
42	16.024	0.891	14.40	251.74	415.44	163.76	1.1730	1.6924
44	16.807	0.899	13.67	254.29	415.66	161.37	1.1808	1.6896
46	17.618	0.906	12.98	256.85	415.86	159.00	1.1886	1.6868
48	18.458	0.914	12.33	259.43	416.00	156.57	1.1964	1.6840
50	19.327	0.923	11.70	262.03	416.11	154.08	1.2043	1.6811
55	21.635	0.945	10.29	268.62	416.20	147.58	1.2238	1.6736
60	24.146	0.970	9.03	275.40	415.99	140.59	1.2436	1.6656

① $1bar=10^5Pa$。

附录二　饱和氟利昂 134a 蒸气表

温度 t /℃	绝对压力 /bar①	比容/(L/kg)		比焓/(kJ/kg)		比潜热 r /(kJ/kg)	比熵/[kJ/(kg·K)]	
		v′	v″	i′	i″		S′	S″
−39	0.543	0.7089	341.6135	1.134	224.107	222.973	0.0042	0.9565
−35	0.665	0.7147	282.7418	5.716	226.633	220.916	0.0235	0.9512
−30	0.846	0.7222	225.3538	11.552	229.777	218.225	0.0477	0.9453
−25	1.066	0.7300	181.4006	17.508	232.904	215.396	0.0719	0.9400
−20	1.329	0.7381	147.3650	23.584	236.008	212.424	0.0961	0.9352
−15	1.640	0.7465	120.7361	29.778	239.084	209.307	0.1202	0.9311
−10	2.006	0.7553	99.6992	36.088	242.129	206.040	0.1443	0.9273
−5	2.434	0.7644	82.9276	42.515	245.137	202.622	0.1684	0.9241
0	2.928	0.7739	69.4410	49.057	248.104	199.047	0.1924	0.9212
5	3.497	0.7839	58.5073	55.713	251.024	195.311	0.2164	0.9182
10	4.147	0.7944	49.5747	62.482	253.893	191.410	0.2404	0.9164
15	4.885	0.8054	42.2235	69.365	256.703	187.338	0.2642	0.9144
20	5.719	0.8171	36.1313	76.361	259.448	183.087	0.2881	0.9127
25	6.657	0.8295	31.0489	83.471	262.120	178.648	0.3119	0.9111
30	7.705	0.8427	26.7815	90.699	264.709	174.010	0.3356	0.9097
35	8.872	0.8568	23.1746	98.048	267.204	169.156	0.3593	0.9083
40	10.167	0.8719	20.1123	105.524	269.592	164.067	0.3831	0.9070
45	11.598	0.8884	17.4926	113.136	271.855	158.719	0.4068	0.9057
50	13.175	0.9062	15.2396	120.897	273.973	153.077	0.4305	0.9042
55	14.907	0.9259	13.2905	128.822	275.919	147.097	0.4544	0.9027
60	16.804	0.9477	11.5938	136.937	677.658	140.721	0.4784	0.9008
65	18.878	0.9723	10.1070	145.276	279.143	133.867	0.5026	0.8985
70	21.142	1.0003	8.7943	153.890	280.310	126.420	0.5273	0.8957
75	23.611	1.0331	7.6252	162.854	281.063	118.209	0.5525	0.8920
80	26.299	1.0724	6.5719	172.289	281.259	108.970	0.5786	0.8872

① $1bar=10^5Pa$。

附录三　饱和氟利昂407c蒸气表

压力/MPa	温度/℃		液体密度/(kg/m³)	气体质量体积/(m³/kg)	焓/(kJ/kg)		熵/[kJ/(kg·K)]	
	沸点	露点			液体	气体	液体	气体
0.01000	−82.82	−74.96	1496.6	1.89611	91.52	365.89	0.5302	1.9437
0.02000	−72.81	−65.15	1468.1	0.98986	104.03	371.89	0.5942	1.9071
0.04000	−61.51	−54.07	1435.2	0.51699	118.30	378.64	0.6635	1.8730
0.06000	−54.18	−46.89	1413.5	0.35346	127.63	382.97	0.7068	1.8543
0.08000	−48.61	−41.44	1396.8	0.26976	134.78	386.21	0.7389	1.8416
0.10000	−44.06	−36.98	1382.9	0.21867	140.65	388.83	0.7648	1.8321
0.10132	−43.79	−36.71	1382.1	0.21597	141.01	388.99	0.7663	1.8315
0.12000	−40.19	−33.19	1371.0	0.18413	145.69	391.04	0.7865	1.8245
0.14000	−36.80	−29.87	1360.4	0.15918	150.12	392.95	0.8053	1.8183
0.16000	−33.77	−26.90	1350.9	0.14027	154.10	394.64	0.8220	1.8130
0.18000	−31.02	−24.21	1342.2	0.12544	157.73	396.15	0.8370	1.8084
0.20000	−28.50	−21.74	1334.1	0.11348	161.07	397.52	0.8507	1.8043
0.22000	−26.17	−19.46	1326.6	0.10363	164.17	398.78	0.8632	1.8007
0.24000	−24.00	−17.34	1319.5	0.09537	167.07	399.94	0.8748	1.7974
0.26000	−21.96	−15.35	1312.8	0.08834	169.80	401.01	0.8857	1.7945
0.28000	−20.05	−13.47	1306.5	0.08228	172.38	402.01	0.8959	1.7918
0.30000	−18.23	−11.70	1300.4	0.07700	174.83	402.95	0.9055	1.7893
0.32000	−16.51	−10.01	1294.6	0.07326	177.17	403.83	0.9145	1.7869
0.34000	−14.86	−8.41	1289.0	0.06824	179.41	404.67	0.9232	1.7848
0.36000	−13.29	−6.87	1283.7	0.06457	181.55	405.45	0.9314	1.7827
0.38000	−11.79	−5.40	1278.5	0.06127	183.61	406.20	0.9392	1.7808
0.40000	−10.34	−3.99	1273.5	0.05829	185.60	406.91	0.9468	1.7790
0.42000	−8.95	−2.63	1268.7	0.05559	187.52	407.59	0.9540	1.7773
0.44000	−7.61	−1.32	1264.0	0.05312	189.37	408.24	0.9609	1.7757
0.46000	−6.31	−0.05	1259.4	0.05086	191.17	408.85	0.9676	1.7741
0.48000	−5.06	1.17	1255.0	0.04878	192.91	409.44	0.9741	1.7726
0.50000	−3.84	2.36	150.6	0.04687	194.61	410.01	0.9803	1.7712
0.55000	−0.96	5.17	1240.2	0.04266	198.65	411.33	0.9951	1.7679
0.60000	1.73	7.79	1230.4	0.03913	202.45	412.54	1.0088	1.7649
0.65000	4.26	10.25	1221.0	0.03613	206.04	413.64	1.0217	1.7622
0.70000	6.65	12.58	1212.0	0.03355	209.45	414.64	1.0338	1.7596
0.75000	8.91	14.78	1203.3	0.03129	212.71	415.57	1.0452	1.7572
0.80000	11.06	16.87	1195.0	0.02931	215.82	416.43	1.0561	1.7549
0.85000	13.11	18.86	1186.9	0.02755	218.81	417.23	1.0664	1.7528
0.90000	15.07	20.77	1179.1	0.02598	221.69	417.79	1.0763	1.7507
0.95000	16.95	22.59	1171.5	0.02457	224.47	418.65	1.0857	1.7488
1.00000	18.76	24.35	1164.1	0.02330	227.15	419.29	1.0948	1.7469
1.10000	22.19	27.67	1149.8	0.02109	232.28	420.44	1.1120	1.7433

续表

压力/MPa	温度/℃		液体密度/(kg/m³)	气体质量体积/(m³/kg)	焓/(kJ/kg)		熵/[kJ/(kg·K)]	
	沸点	露点			液体	气体	液体	气体
1.20000	25.39	30.77	1136.0	0.01923	237.13	421.44	1.1281	1.7400
1.30000	28.40	33.68	1122.8	0.01765	241.74	422.30	1.1431	1.7367
1.40000	31.24	36.42	1109.9	0.01629	246.15	423.04	1.1574	1.7337
1.50000	33.94	39.02	1097.4	0.01510	250.38	423.68	1.1709	1.7307
1.60000	36.50	41.49	1085.1	0.01405	254.44	424.21	1.1838	1.7277
1.70000	38.95	43.84	1073.1	0.01312	258.38	424.66	1.1961	1.7248
1.80000	41.29	46.09	1061.3	0.01229	262.18	425.02	1.2080	1.7220
1.90000	43.54	48.25	1049.6	0.01154	265.88	425.31	1.2194	1.7191
2.00000	45.70	50.31	1038.1	0.01087	269.48	425.51	1.2304	1.7163
2.10000	47.79	52.30	1026.7	0.01025	273.00	425.65	1.2411	1.7135
2.20000	49.80	54.22	1015.3	0.00969	276.43	425.71	1.2515	1.7106
2.30000	51.74	56.07	1004.0	0.00917	279.80	425.70	1.2616	1.7077
2.40000	53.63	57.86	992.7	0.00869	283.10	425.63	1.2714	1.7048
2.50000	55.45	59.58	981.4	0.00825	286.35	425.48	1.2810	1.7018
2.60000	57.22	61.26	970.0	0.00784	289.55	425.27	1.2904	1.6988
2.70000	58.94	62.88	958.69	0.00746	292.71	425.00	1.2996	1.6957
2.80000	60.62	64.45	47.1	0.00710	295.83	424.65	1.3087	1.6925
2.90000	62.25	65.98	935.5	0.00676	298.92	424.23	1.3176	1.6892
3.00000	63.84	67.47	923.8	0.00644	301.99	423.74	1.3264	1.6858
3.20000	66.90	70.32	899.7	0.00586	308.08	422.52	1.3438	1.6786
3.40000	69.83	73.02	874.5	0.00533	314.14	420.96	1.3609	1.6709
3.60000	72.63	75.57	847.8	0.00484	320.25	419.00	1.3779	1.6623
3.80000	75.31	78.00	819.0	0.00439	326.49	416.54	1.3952	1.6526
4.00000	77.90	80.36	787.0	0.00396	332.98	413.42	1.4130	1.6414
4.20000	80.40	52.46	749.8	0.00354	339.95	409.31	1.4321	1.6277
4.635	86.1	86.1	506	0.00198	375.0	375.0	1.528	1.528

附录四　主要单位换算表

度量名称	国际单位	迄今使用的单位	与国际单位的换算
力	1N=1kg·m/s²	1kgf	9.80665N
		1dyn	10^{-5}N
压力	1Pa=1N/m²	1kgf/m²	9.80665Pa
	1bar=0.1MPa	1kgf/cm²	0.980665bar
		1mmHg	1.33322×10^{-3}bar
		1atm	1.01325bar
		1lb/in²	0.0689476bar
功、热量	1J=1N·m	1cal	4.1868J
		1kgf·m	9.80665J

续表

度量名称	国际单位	迄今使用的单位	与国际单位的换算
功率、热流量	1W=1J/s	1cal/a	4.1868W
		1kgf·m/s	9.80665W
	1kW=1kJ/s	1kcal/h	1.163W
		1hp	0.7355kW
热导率	1W/(m·K)	1kcal/(m·h·℃)	1.163W/(m·K)
传热系数	1W/(m^2·K)	1kcal/(m^2·h·℃)	1.163W/(m^2·K)
比热容	1kJ/(kg·K)	1kcal(kg·℃)	4.1868kJ(kg·K)
	1kJ/(m^3·K)	1kcal(m^3·K)	4.1868kJ/(m^3·K)
动力黏度	1Pa·s	1P	0.1Pa·s
		1kgf·s/m	9.80665Pa·s
运动黏度	1m^2/s	1St	$10^{-4}m^2/s$

基本符号

c、c_p——定压比热容，kJ/(kg·℃)；

c_V——定容比热容，kJ/kg；

COP——热泵性能系数；

D、d——直径，mm 或 m；

F、f——面积，m^2；

F_e——有效辐射面积，m^2；

I——焓，J；

i——比焓，J/kg；

K——传热系数，W/(m^2·℃)；

L——长度，m；

l——体积风量，L 或 m^3；小时风量，m^3/h；

m——质量流量，kg/s；

M——质量，kg 或 t；

N——功率，W、J/s、hp（马力）；

N_i——指示功，W 或 kW；

$N_m + N_i$——压缩机的轴功率，W 或 kW；

P——压力，Pa、MPa、kg/cm^2、mmHg；

P_c——冷凝压力；

P_e——蒸发压力；

Q——累计热量、能量，W、kW、kW·h；

Q_a、Q_r、Q_d——吸收、反射和透射的能量；

q——单位面积，单位质量，W/m^2、W/kg；

q_0——压缩机的单位质量的冷(热)流量，kJ/kg；

q_v——压缩机单位容积的质量流量，kg/m^3；

R——热阻，$m^2 \cdot K/W$；

r——比潜热，kJ/kg；

r_n、r_w——内、外半径，m 或 mm；

S——比熵，kJ/kg；

S——时间，s、h、d、min；

T——热力学温度，K；

t_{sh}——人体热舒适温度，℃；

t_y——人体表面温度，℃；

t_0——作用温度，℃；

t_g——黑球温度、供水温度，℃；

t_h——回水温度，℃；

t_F——室内非加热冷却表面的温度，℃；

t_b——地面温度，℃；

t_r——室温，℃；

t_{cp}——平均温度，℃；

t_{pj}——除加热、冷却面外，室内围护结构内表面平均温度，℃；

t_c——冷凝温度，℃；

t_e——蒸发温度，℃；

V——速度，m/s；

v——比容，m^3/kg 或 L/kg；

V_v——体积，m^3；

W——能、功、热，J、kJ 或 $kW \cdot h$；

W_0、W_s——理论功耗、实际耗功率，J、kJ 或 $kW \cdot h$、$kgf \cdot m$；

W_d——总吸湿量，kg；

X——干度；

α——表面换热系数，$W/(m^2 \cdot ℃)$；因除霜附加的负荷系数，%；

α_d——对流换热系数，$W/(m^2 \cdot ℃)$ 或 $W/(m^2 \cdot K)$；

α_f——辐射换热系数，W/(m^2·K)；

α_n，α_w——内、外表面换热系数，W/(m^2·℃)；

β——考虑家具遮挡对地面负荷的修正系数；

γ——干密度，kg/m^3；

Δt——温差，K或℃；

Δ_i——焓差，J/kg；

δ——厚度，m或mm；

ε——表面黑度；

ε_L——制冷机效率；

ε_{xt}——系统黑度；

ε——制冷效率；

η——热效率，%；

η_i——压缩机的指示效率；

η_m——压缩机的机械效率；

η_d——压缩机的传动效率；

η_{el}——压缩机的电动机效率；

η_s——吸湿百分率，%；

θ——以摄氏度为单位的温度；

κ——绝热指数；

λ——材料的热导率，W/(m·℃)；

μ——动力黏度，N·s/m^2、Pa·s；

ν——运动黏度，m^2/s；

ρ——密度，kg/m^3；

τ，τ_n，τ_w——表面温度，内、外表面温度，℃；

φ——空气的相对湿度，%。

参考文献

[1] 彦启森．空气调节用制冷技术．北京：中国建筑工业出版社，1981.

[2] 徐邦裕．热泵．北京：中国建筑工业出版社．1988.

[3] 【联邦德国】韦恩·库伯，F. 斯泰姆莱著．热泵的理论与实践．王子介译．北京：中国建筑工业出版社，1986.

[4] 曹德胜，史琳．制冷剂使用手册．北京：冶金工业出版社，2003.

[5] 张晓松．制冷技术与装置设计．重庆：重庆大学出版社，2008.

[6] 天津大学，哈尔滨建筑工程学院等．供热通风热工理论基础．北京：中国建筑工业出版社，1978.

[7] 杨世铭．传热学：第三版．北京：高等教育出版社，1999.

[8] 活塞式单级制冷压缩机形式与基本参数，GB/T 10079—2001.

[9] 活塞式单级制冷压缩机技术条件，GB/T 10079—2001.

[10] 李元哲．被动式太阳房热工设计手册．北京：清华大学出版社，1993.

[11] 严寒和寒冷地区居住建筑节能设计标准．JGJ 26—2010.

[12] 采暖通风与空气调节设计规范．GB 50019—2003.

[13] 中国气象局气象信息中心气象资料室，清华大学建筑技术科学系．中国建筑热环境分析专用气象数据集．北京：中国建筑工业出版社，2005.

[14] 北京市地面辐射供暖技术规范．DB11/T 806—2011.

[15] 公共建筑节能设计标准．DBJ01-621-2005.

[16] 陆耀庆．供暖通风设计手册．北京：中国建筑工业出版社，2008.

[17] 李元哲，狄洪发，方贤德．被动式太阳房的原理及其设计．北京：能源出版社，1989.

[18] 李元哲，郭启民．日本地板采暖技术的现状及市场动态分析．防腐指南，2004，(12)：53-57.

[19] 王子介．低温辐射供暖与辐射供冷．北京：机械工业出版社，2004.

[20] 孙丽颖，马最良．冷却吊顶空调系统的设计要点．全国暖通空调制冷 2000 年学术年会论文集，2000.

[21] 清华大学建筑节能研究中心．中国建筑节能年度发展研究报告，2008. 北京：中国建筑工业出版社，2008.

[22] 江亿，林波荣，曾剑龙，等．住宅节能．北京：中国建筑工业出版社，2006.

[23] 李先瑞，郑晓亮，等．住宅供暖与空气调节（三）．中国建筑信息：供热制冷专刊，2002，(F08)：72-82.

[24] 国家发展和改革委员会节能信息传播中心．最佳节能实践案例．北京：中国环境科学出版社，2008.

[25] 陆耀庆．实用空调设计手册：第二版．北京：中国建筑工业出版社，2007.

[26] 张晓松．制冷技术与装置设计．重庆：重庆大学出版社，2008.

[27] 制冷和空调设备名义工况一般规定．JB/T 7666—1995.

[28] 张熙民，等．传热学．北京：高等教育出版社，1994.

[29] 何梓年，朱宁，刘芳，等．太阳能吸收式空调及供热系统的设计和性能．太阳能学报，2001，22(1)：6-11.

[30] 翟晓强,王如竹,吴静怡,等. 太阳能吸附式空调系统的运行优化及试验研究. 暖通空调,2006,36(7):1-6.

[31] 李元哲,单明,何瑞练. 太阳能主动式采暖实测与分析. 太阳能学报,2009,30(7):1469-1475.

[32] 黄奕云. 地板辐射供冷除湿问题探索. 暖通空调,2003,33(3):70-73.

[33] 林康立. 太阳能与空气源热泵结合的热水工程设计及技术经济比较. 制冷技术,2009,(1):5-11.

[34] 罗会龙,铁燕,李明,等. 空气源热泵辅助加热太阳能热水系统热性能研究. 建筑科学,2009,25(2):52-54.

[35] 赵钿,钟易呈,张华. 太阳能采暖系统在北京市平谷区新农村建设工程中的应用与探索. 小城镇建设,2005,(12):96-97,106.

[36] Arginiou A, Klissikaias N,Balaras C A,et al. Active solarspace heatting of ressicdentianl building in noltherm Hellas-acase study. Eneelgy and Buildings,1997,26;215-221.

[37] Martinez P J, Velazquez A, Viedma A. Perfomance analysis of a solar energy driven heating system. Energy and Buildings,2005,37;1028-1034.

[38] Pennington N A. Humidity,Changer for AirCon-ditioning. U. S. Patent. 1965. NO. 2700537.

[39] Venhuizen D. Solear King's Cooling Gambit,1984,8(1):25-35.

[40] Tchernew D I. Solar Refrigeration Utilizing Zeolites. Natick, Massachusetts: ZeopowerCompany, 1982, 1(1):23-45.

[41] 丁良士,等. 地板供暖与顶棚供暖的舒适性研究. 暖通空调新技术,1999,(3):23-27.

[42] 马凯文. 风冷热泵与水源热泵制冷供暖方案比较. 供热制冷,2002,(4).

[43] 于卫平. 水源热泵相关的水源问题. 现代空调,2001,(3):112-117.

[44] 范新,谢峤, 等. 水源热泵系统及其应用. 现代空调,2001,(8):109-111.

[45] 李元哲,单明,何端练. 太阳能主动式采暖实测与分析. 太阳能学报,2009,(11).

[46] 李元哲. 太阳能全年热利用的成功途径. 暖通与水世界,2010,(8).

[47] 李元哲,陈天侠,于涛,等. 太阳能用作空调冷热源的实验研究. 供热制冷,2010,(11):70-73.

[48] 李元哲,单明,于涛,等. 一种内源式固体吸附除湿机. 太阳能学报,2012,33(2):287-291.

[49] 李元哲,于涛, 何端练. 水盘管式地板辐射供冷的研究. 供热制冷,2011(5):68.

[50] 王如竹,王丽伟,吴静怡. 吸附式制冷理论与应用. 北京:科学出版社,2007.

[51] 何端练,李元哲,姜蓬勃,等. 太阳能-空气源/水源热泵双级耦合地板采暖系统在寒冷地区的应用. 供热制冷,2011,(10).

[52] 李元哲. 空气源热泵在建筑节能中的应用. 建设科技,2010,(4):76.

[53] 雷海燕,刘雪玲. 固体吸附式除湿空调系统及其研究进展. 天津理工大学学报,2005,21(3):49-51.

[54] 许泳,秦朝葵. 太阳能驱动固体吸附除湿空调系统. 上海煤气,2007,(1):27-30.

[55] 梁仲智. 冷却除湿与吸附除湿的综合应用. 制冷,1998,17(4):74.

李元哲教授简介

清华大学建筑学院空调专业教授。曾担任我国“七五”计划期间国家攻关课题“可再生能源”子项“太阳能利用”二级课题组长，在中、德合作的可再生能源村的建设中，太阳房两次获得科技进步二等奖，太阳能热水器一次获得科技进步三等奖，先后在国内外发表了90余篇论文和三部著作，即李元哲主编、六单位合编的《被动式太阳房热工设计手册》，李元哲等编著的《被动式太阳房的原理及其设计》《太阳能原理、制造与施工》。拥有三十五项国家专利，其中有两项发明专利。作为主要编写人，参与编写了《被动式太阳房热工技术条件与测试方法》（GB/T 15405—2003）及《村镇住宅太阳能采暖应用技术规程》（DB11/635－2009）。曾任中国太阳能学会太阳能热利用专业委员会委员，《甘肃科学》《太阳能学报》《太阳能》《中国建设信息·供热制冷》编委，为我国太阳能热利用行业学术带头人之一。

李元哲教授在太阳能行业内率先成功地应用了热管技术，并在大面积太阳能热水系统应用上被称为100％成功者。

李元哲教授于1978年曾在清华大学建立了一座太阳能地板采暖实验室，也是我国第一个太阳能地板采暖房，在无其他补充能源的情况下，低温辐射地板在北京用于采暖取得成功。2000年以来，首创的空气源热泵低温辐射地板采暖在寒冷地区得到了推广，取得节能60％以上的效果，经建设部鉴定为“国内首创，国际先进”，为我国寒冷地区创建了一种全新的清洁节能采暖模式，至今已稳步推广了几十万平方米。近年来，李元哲教授也一直不断地从理论上完善着该技术。

2012年，李元哲教授作为首席专家参与编写了住建部立题的“空气源热泵低温热水辐射地板采暖研究导则”，该技术产品随即列入了北京市发改委等七单位联合印发的北京市2012年节能低碳技术产品推广目录（京发改【2012】780号）。

2008年以来，李元哲教授在昌平清华阳光太阳能设备厂、顺义力正锅炉厂安装了空气源热泵，作为太阳能地板采暖的辅助热源，经全冬季测试节约电能80％，减排显著，其论述发表于太阳能学报（2009，11）。夏季又以其发明的一种新型固体吸附除湿机，将太阳能与空气源热泵综合利用，实现了温湿度独立控制的空调。实现了用户满意的节能效果。为寒冷地区太阳能和空气能综合利用取得了成功数据，并为制定项目规范打下了基础。2005年获海淀区发改委技术创新一等奖。2008～2009年承担海淀区发改委太阳能综合利用示范项目。2009～2011年获北京海淀区中关村创新基金项目支持，同年承担海淀区科委空气源热泵产业化项目。

2013～2014年冬季，与北京华业阳光能源科技有限公司等三单位合作，在昌平马池口某职工宿舍，合作“主、被动太阳能空气源热泵集成优化系统”示范项目，获得全冬季节能80%以上的效果，被北京市工信委主持鉴定，评价为“国内首创、国际先进”。